江西理工大学优秀博士论文文库

红土镍矿氯化冶金技术基础研究

Basic Research on Chlorination Metallurgy Technology of Laterite Nickel Ore

李金辉　徐志峰　王瑞祥　著

北　京
冶　金　工　业　出　版　社
2019

内 容 简 介

本书共分 8 章。第 1 章主要介绍红土镍矿冶金技术发展现状；第 2 章主要介绍实验所用的原料、方法、手段等；第 3 章主要介绍红土镍矿盐酸常压浸出工艺、机理及动力学研究；第 4 章主要介绍氯化湿法浸出工艺及机理；第 5 章主要介绍红土镍矿中温氯化焙烧—水浸工艺及机理；第 6 章主要介绍红土镍矿氯化离析—磁选工艺及机理；第 7 章主要介绍矿相重构对常压湿法浸出、中温氯化焙烧和氯化离析磁选等工艺的影响及其相关机理；第 8 章对相关研究工作进行了总结。

本书可供从事红土镍矿冶金的设计人员、科研人员与管理人员阅读，也可供从事氯化冶金的技术人员和高校有关师生参考。

图书在版编目(CIP)数据

红土镍矿氯化冶金技术基础研究/李金辉，徐志峰，王瑞祥著. —北京：冶金工业出版社，2019. 11

ISBN 978-7-5024-8279-4

Ⅰ. ①红… Ⅱ. ①李… ②徐… ③王… Ⅲ. ①红土镍矿—氯化冶金—研究 Ⅳ. ①TF803. 12

中国版本图书馆 CIP 数据核字（2019）第 247235 号

出 版 人 陈玉千
地　　址 北京市东城区嵩祝院北巷 39 号 邮编 100009 电话 (010)64027926
网　　址 www. cnmip. com. cn 电子信箱 yjcbs@ cnmip. com. cn
责任编辑 王 双 美术编辑 郑小利 版式设计 禹 蕊
责任校对 石 静 责任印制 李玉山
ISBN 978-7-5024-8279-4
冶金工业出版社出版发行；各地新华书店经销；固安华明印业有限公司印刷
2019 年 11 月第 1 版，2019 年 11 月第 1 次印刷
169mm×239mm；11. 5 印张；222 千字；173 页
68. 00 元

冶金工业出版社 投稿电话 (010)64027932 投稿信箱 tougao@cnmip. com. cn
冶金工业出版社营销中心 电话 (010)64044283 传真 (010)64027893
冶金工业出版社天猫旗舰店 yjgycbs. tmall. com

前　言

全球陆地镍资源主要分为硫化镍矿和氧化镍矿两类，其中，岩浆型铜镍硫化矿占28%，氧化镍矿为72%。近20年来硫化镍矿在新资源勘探上没有重大突破，随着开发量增加，硫化镍矿保有储量急剧下降，而且几个传统硫化镍矿矿山的开采深度日益加深，矿山开采难度加大。红土镍矿资源丰富，采矿成本低，选冶工艺趋于成熟，可生产氧化镍、硫镍、镍铁等多种中间产品，并且矿源靠海，便于运输，因此，全球镍行业将资源开发的重点瞄准储量丰富的红土镍矿资源。

氯化冶金是指添加氯化剂（HCl、Cl_2、$CaCl_2$等）使欲提取的金属转变成氯化物，为制取纯金属作准备的冶金方法。大多数金属和金属的氧化物、硫化物或其他化合物在一定条件下都能与化学活性很强的氯反应，生成金属氯化物。金属氯化物与该金属的其他化合物相比，具有熔点低、挥发性高、较易被还原、常温下易溶于水特点，并且各种金属氯化物的生成难易和性质上存在着明显的差异。因此，氯化冶金处理红土镍矿具有原料适应性强、作业温度低和分离效率高等优点。本书基于对红土镍矿冶金技术的调研，采用以氯为反应介质的方法提取红土镍矿中镍、钴等有价金属，分别采用盐酸常压浸出、氯化湿法提取、氯化焙烧和氯化离析等工艺，对其最优工艺条件和反应机理及动力学进行系统研究。由于红土镍矿来源广泛且成分组成复杂，矿相的改变极大的影响其在分离提取过程中的反应行为，本书也研究了矿相重构对盐酸常压浸出、氯化焙烧和氯化离析等工艺的影响。

本书共分8章。第1章主要对红土镍矿冶金技术进展进行了详细的论述，并对不同技术工艺的优缺点进行了阐述；第2章主要对所采用的原料物性、化学试剂、实验装置、实验流程和分析检测方法等进行了说明；第3章主要对常压盐酸浸出工艺进行了研究，对不同矿相进行了盐酸溶出热力学计算，确定了最优工艺条件，建立了动力学模型，确定了矿相溶出优先顺序；第4章主要介绍了氯化湿法提取工艺，实现了高酸体系才能实现的有价金属提取率的同时，抑制了铁杂质的浸出，同时通过OLI软件计算模拟和物相分析等手段对氯化湿法选择性提取进行了研究；第5章研究了低温氯化氢焙烧和中温氯盐焙烧工艺，获得了最优工艺条件、氯盐组成、热力学稳定区域和动力学模型；第6章进行了红土镍矿氯化离析—磁选工艺研究，着重开展了热力学研究以及氯化离析机理分析，建立了最优工艺条件；第7章针对红土镍矿的矿物组成进行了研究，通过矿相重构改变了镍钴的赋存状态，详细研究了其在盐酸常压浸出、氯化焙烧和氯化离析等工艺中的反应行为；第8章对上述以氯为反应介质的技术路线进行了总结梳理。

本书是根据作者近年研究工作取得的成果撰写而成的，是作者及研究团队集体智慧的结晶。特别感谢李新海教授的悉心指导与帮助，同时也感谢王志兴教授、胡启阳教授、张云河教授、郭华军教授、刘婉蓉、符芳铭、张琏鑫、李洋洋、张云芳等同仁的大力支持。

本书的出版和涉及的相关研究得到了江西理工大学优秀博士论文库、国家自然科学基金（项目号：51974140、51764016、51564021、51804136）、江西省教育厅项目（项目号：GJJ160593）和江西省博士后科研项目（项目号：2017KY17）的资助，作者谨在此一并表示衷心的感谢。

由于作者水平所限，书中不当之处，恳请广大读者及同行不吝赐教。

作　者

2019年5月

目　　录

绪　论

1.1 概述

很早以前，人们就开始以合金的形式使用镍。我国早在汉朝（公元前206年）以前，就已经掌握冶炼白铜的技术。1751年，瑞典科学家克朗斯塔特（A. F. Cronstedt）首次用木炭还原红土镍矿制得金属镍，其英文名称来源于德文Kupfernickel，含义是假铜。但是，提炼出纯金属镍并在工业上得到应用是从1824年才开始的，直到19世纪末，由于产量有限，镍被人们视为贵金属，仅用以制作首饰。20世纪以来，人们发现了镍的多种用途及其在改善钢的性能方面所具有的独特功能，加快了镍工业的发展，而大规模的工业化生产镍还不到100年的历史。

1.2 镍的性质与用途

镍是一种银白色的金属，其物理性质与金属钴、铁有相似的地方，密度为8.9g/cm^3，熔点为（1453±1）℃，沸点为2800℃。天然生成的金属镍有5种稳定的同位素：^{58}Ni(67.7%)，^{60}Ni(26.2%)，^{61}Ni(1.25%)，^{62}Ni(3.66%)，^{64}Ni(1.66%)[1]。镍具有磁性，室温下工业用镍最大饱和极化强度为0.61T，最低矫顽力为1.5A/cm，是许多磁性物料（由高导磁率的软磁合金至高矫顽力的硬磁合金）的主要组成部分[2]，但在居里温度下（357.6℃）或其附近有一显著的高峰，此温度下会失去铁磁性，它确定了镍磁性器件工作的上限温度。

镍是一种“年轻的”金属，但由于镍具有良好的延展性、抗腐蚀性、耐高温及高强度等特点，成为制取各种高温高强度合金、耐热材料以及不锈钢等的重要金属之一，同时，镍在充电电池、活性氢氧化镍等高科技领域的运用也相当广泛[2~4]。到目前为止，镍基合金的品种已经达3000种以上，广泛地应用于宇宙航行、火箭、航空、航海、石油与化工以及其他许多工业部门，并用以制作颜料、染料和陶瓷等。镍是重要的战略储备金属，广泛应用于国防、航空航天、交通运输、石油化工、能源等领域。镍基高温合金是制造喷气涡轮机、发电涡轮机、飞机、火箭、坦克、潜艇、雷达和原子能反应堆部件的重要材料。例如，航空发动机中镍基合金占总重的50%~60%。

1.3　镍的生产与消费

1.3.1　镍的生产

目前，全世界镍的消费量仅次于铜、铝、铅、锌，居有色金属第五位。我国是一个极具发展潜力的镍消费市场，镍行业的发展蕴藏着巨大潜力。随着镍在各个方面的应用不断增多，其产量随之增加。2016 年和 2017 年世界镍矿产量数据见表 1-1，2017 年世界镍矿总产量约 210.8 万吨[5~7]。从表 1-1 可以看出几个主要的产镍国（如俄罗斯、澳大利亚、巴西、菲律宾）2017 年的镍矿产量较 2016 年均有所下降，其中菲律宾由于环保不达标导致超过半数的矿山关停，产量从 2016 年的 33 万吨降至 2017 年的 22.5 万吨，降幅最大。2017 年 1 月，印度尼西亚政府取消了禁止镍矿直接出口的禁令，印度尼西亚镍矿产出增长迅速，从 2016 年的 20 万吨，增长至 2017 年的 40 万吨，一举超越菲律宾成为世界第一大镍矿产出国，其镍矿产量增幅也抵消了其他各国下降的产能。2017 年全世界镍矿产量与 2016 年总体维持持平。

表 1-1　2016 年和 2017 年镍矿产量　　（万吨）

国家（或地区）	2016 年镍矿产量	2017 年镍矿产量
美国	2.5	2.4
南非	5.0	5.0
俄罗斯	21.0	17.6
菲律宾	33.0	22.5
新喀里多尼亚	20.1	20.2
马达加斯加	5.0	4.8
印度尼西亚	20.0	40.0
危地马拉	5.1	6.9
古巴	5.0	4.9
哥伦比亚	4.0	5.0
中国	10.0	10.0
加拿大	21.0	23.5
巴西	16.0	14.2
澳大利亚	20.0	18.8
其他国家	15.0	15.0

总的来看，世界镍的生产蒸蒸日上，但增幅比较平稳，没有大的起落，镍资源国家普遍保持较好的生产形势，成为矿业发展中的优势产业。

1.3.2 镍的消费

2017 年全球原生镍消费量约为 218.5 万吨，同比增长 7.88%，其中中国增长 3%。亚洲其他地区的不锈钢消费增长 27%，美国增长 7%，欧洲基本持平。结合下游的消费分布来看，不锈钢占比最高，约为 69%，大约消耗掉 150 万吨金属镍；市场关注度最高的电池领域占比仅为 3%，大约消耗掉 6.55 万吨金属镍[5,8]。

现在我国已经成为世界第一大不锈钢消费国、世界最大的电池生产和消费国，还是世界最大的硬质合金生产国和人造金刚石的生产大国，因此应用于这些领域中的原材料也表现出了旺盛的需求。从 2003 年起，我国镍的消耗量就已达到 12 万吨以上，钴的消费量也超过 6700 吨，均居世界前列。

1.4 镍资源特点及开发状况

1.4.1 镍资源特点

镍属于亲铁元素，在地球中的含量仅次于硅、氧、铁、镁，居第五位。在地核中含镍最高的是天然的镍铁合金。在地壳中铁镁质岩石含镍高于硅铝质岩石，例如，橄榄岩含镍为花岗岩的 1000 倍，辉长岩含镍为花岗岩的 80 倍。

全球陆地镍资源主要分为硫化镍矿和氧化镍矿两类，其中，岩浆型铜镍硫化矿占 28%，氧化镍矿为 72%[9]。已知的含镍矿物主要有针镍矿、镍黄铁矿、紫硫镍矿、红砷镍矿、硅镁镍矿等五十余种。其中硫化镍矿主要有镍黄铁矿、紫硫镍铁矿等。在硫化镍矿石中，常见金属矿物有磁黄铁矿、镍黄铁矿和黄铜矿，此外还有磁铁矿、黄铁矿、墨铜矿、铜蓝、辉铜矿、斑铜矿以及铂族矿物等。脉石矿物有橄榄石、辉石、斜长石、蛇纹石、绿泥石、阳起石、云母、石英和碳酸盐等。铜镍硫化矿一般具有以下特点：（1）硫化矿物呈几何体嵌布，粒度不均匀；（2）硫化镍矿物易过粉碎、易氧化，脉石矿物易泥化、自然可浮性较好；（3）在铜镍硫化矿石中的紫硫镍矿、磁黄铁矿、方黄铜矿以及某些含钼矿物均具有磁性；（4）伴生元素铂、钯、金、银常与砷铂矿、钯金矿、金银矿等独立矿物产出，而钴和其他铂族元素大都以类质同象状态赋存在主要金属矿物之中，很少见到独立矿物[10,11]。而氧化镍矿中，以品位在 1%左右的红土镍矿为代表，其特点为：（1）矿石中几乎不含铜和铂族元素，但常常含有钴，其中镍与钴的比例一般为（25~30）：1；（2）镍含量和脉石成分非常不均匀，通常镍含量低，只有 0.5%~1.5%，在极少的富矿中才能达到 5%~10%；（3）由于大量黏土的存在，因此含水高，通常为 20%~25%。红土镍矿按成分不同分为褐铁矿型和硅镁镍矿型两类：褐铁矿型红土镍矿一般位于矿床的上部，含铁高，含硅镁低，含镍为1%~2%；硅镁镍矿型红土矿含铁低，含硅镁高，含镍为1.6%~4.0%[8]。

全球镍资源据有关统计资料表明，至2005年底，全世界已发现的陆地镍储量为6200万吨，储量基础为1.6亿吨，丰富的海底锰结核矿床中也含有一定量的镍。硫化镍矿与氧化镍矿同产于一个超基性岩带，但并不是在同一矿床内垂直向上共生，即并不像铜矿床那样，次生富集带的铜矿下方通常均有原生硫化铜矿[12]。由于硫化镍矿资源品质好，工艺技术成熟，现约60%的镍产量来源于硫化镍矿，但因硫化镍矿的长期开采，而近20年来硫化镍矿新资源勘探上没有重大突破，保有储量急剧下降。如以年产镍量120万吨计算，则相当于2年采完一个加拿大伏伊希湾镍矿床（近20年唯一发现的大型矿床，世界第五大硫化镍矿）、5年采完金川镍矿（世界第三大硫化镍矿）。因此，全球硫化镍矿资源已出现资源危机，而且传统的几个硫化镍矿矿山（加拿大的萨德伯里、俄罗斯的诺列尔斯克、澳大利亚的坎博尔达、中国的金川、南非的里腾斯堡等）的开采深度日益加深，矿山开采难度加大。红土镍矿资源丰富，采矿成本低，选冶工艺趋于成熟，可生产氧化镍、硫镍、镍铁等多种中间产品，并且矿源靠海，便于运输，因此全球镍行业将资源开发的重点瞄准了储量丰富的红土镍矿资源[13~19]。所以与氧化镍矿和硫化镍矿一样，红土镍矿现在已成为镍的重要来源。

1.4.2　镍资源开发现状

全球发现的铜镍硫化物矿床多数都已开发利用，新建的大型矿山项目不多。发达国家生产镍每年消耗矿床中的镍储量约为67.5万吨，这一耗量不能由新矿床的发现来补偿，结果是未来10年发达国家的冶炼和精炼能力日益过剩。但有些矿山的产量也可能扩大，例如鹰桥公司的拉格伦（Raglan）矿和澳大利亚西部金属公司（WMC）的芒特基斯（Mount Keith）矿。另外印度尼西亚Soroako镍矿在2005年也进行了扩建，投资6.38亿美元，镍锍产能由4.5万吨/年提高到6.8万吨/年。预计在较长时期内，发达国家总的镍硫化物矿山的生产能力将下降，而俄罗斯的生产能力将上升[7,20]。总的看来，在2010年以前，来自镍硫化矿的镍产量将大致保持稳定。

近年来，由于不锈钢行业对镍的巨大需求，很多产镍大国都积极加大对氧化矿的开发利用。较有影响的有菲律宾住友/三井公司2005年开始的Coral Bay项目；2007年Inco在新喀里多尼亚正式启动的Goro镍项目，预计年产镍5.4万吨；此外，在澳大利亚、印度尼西亚、巴西等国的一些镍矿资源的开发也在实施和研究中[21]。

总的看来，世界硫化镍矿开发建设受到资源和开采难度的影响，难以大规模的扩大生产能力。因此，开发利用占资源优势的红土镍矿以及高效利用低品位硫化镍矿资源将是人们所关注的重点。

1.5　红土镍矿处理工艺概况

红土镍矿开发利用的主要优势在于[8]：（1）红土镍矿资源丰富，全球约有4100万吨镍金属量，勘查成本低；（2）可露天开采，采矿成本极低；（3）选冶工艺已逐渐成熟；（4）不锈钢生产的发展，对烧结氧化镍、镍铁或通用镍的需求增加，而这些镍产品主要是由氧化镍矿生产的；（5）世界红土型镍资源主要分布于近赤道地区，大部分靠近海岸，便于外运。

目前世界上氧化镍矿的处理工艺归纳起来大致有三种，即火法工艺、湿法工艺和火湿法结合工艺[22]，见表1-2和图1-1。火法工艺还可以按其产出的产品不同分为还原熔炼生产镍铁工艺和还原硫化熔炼生产镍锍工艺。湿法工艺可以按其浸出溶液的不同分为氨浸工艺和酸浸工艺。火湿法结合工艺是指氧化镍矿经还原（离析）焙烧（火法）后采用选矿（湿法）方法选出有用产品的工艺。

表1-2　红土镍矿的分布、组成与提取技术

矿　层	化学成分/%					特点	提取工艺
	Ni	Co	Fe	Cr_2O_3	MgO		
褐铁矿层	0.8~1.5	0.1~0.2	40~50	2~5	0.5~5	高铁低镁	湿法
过渡层	1.5~1.8	0.02~0.1	25~40	1~2	5~15		湿法/火法
腐殖土层	1.8~3	0.02~0.1	10~25	1~2	15~35	低铁高镁	火法

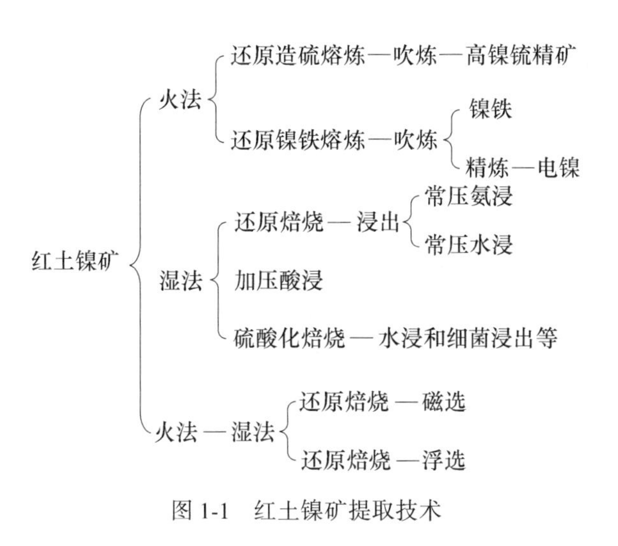

图1-1　红土镍矿提取技术

1.5.1　火法处理工艺

针对不同类型的红土镍矿可以有不同的处理工艺。硅镁镍矿位于矿床的下部，硅和镁的含量比较高，铁的含量比较低，这种矿石宜采用火法冶金处理[23]。火法处理工艺主要包括还原熔炼和镍锍工艺。其基本流程如图 1-2 所示。

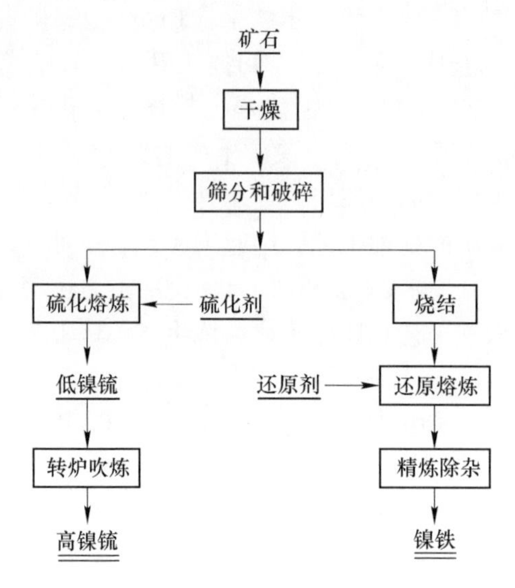

图 1-2 红土镍矿两种火法冶金的原则流程

1.5.1.1 镍铁工艺

世界上用得最多的火法处理工艺是还原熔炼生产镍铁。首先将矿石破碎至 50~150mm，送入干燥窑干燥到矿石既不黏结又不太粉化，再送回转窑煅烧，在 700℃温度下干燥、预热和煅烧，得到焙砂，然后加入 10~30mm 的挥发性煤，经过 1000℃的还原熔炼，产出粗镍铁合金。

处理红土镍矿的还原熔炼主要有两种方法，一种是鼓风炉熔炼，另一种是电炉还原熔炼。由于鼓风炉熔炼是最早的炼镍铁方法之一，随着生产规模的扩大、冶炼技术的进步以及炼钢厂对镍类原料要求的提高，这一方法已逐步被淘汰[24]。

从目前实际的生产情况看，在镍铁生产过程中还原熔炼工序大多采用工艺简单、易于控制的电炉熔炼来生产镍铁合金。电炉熔炼生产镍铁的工艺适合处理各种类型的氧化镍矿，生产规模可依据原料的供应情况、矿石的贮量等决定，可大可小，对入炉炉料的粒度也没有严格的要求，粉料以及较大块料都可直接处理。在电炉还原熔炼的过程中几乎所有的镍和钴的氧化物都可被还原成金属，而铁的还原则通过焦炭的加入量得以调整，最后将粗镍铁合金经过吹炼产出成品镍铁合金[25]。得到的镍铁成分一般为（%）：Ni+Co 25~45；C 0.02~0.06；S 0.02~0.05；Si 0.02~1.5；P 0.01~0.03；Fe 55~75。

电炉熔炼镍铁需要根据氧化物稳定性的大小判断该元素的还原性大小（红土镍矿中各元素还原性顺序为：$NiO>Fe_2O_3>SiO_2>CaO$），从而采用选择性还原，即缺碳操作来提高镍铁质量比：在电炉还原过程中几乎所有的镍氧化物都被还原成金属，而铁则根据还原剂焦炭的加入量被不同程度地还原。镍的密度较大，在生产过程中容易造成炉墙和炉底被侵蚀或烧穿（生产周期短的不到一个月），电极事故频发。因此，电炉镍铁冶炼关键技术是延长炉龄、减少电极事故以及提高产品含镍量和镍的回收率。

采用电炉还原熔炼的优点主要有：

(1) 熔池温度易控制，可以达到较高的温度，可处理含难熔物料较多的物料，炉渣易过热，有利于 Fe_3O_4 的还原，渣含有价金属较少。

(2) 炉内的气氛比较容易控制。

(3) 炉气量较少，含尘量较低。

(4) 生产容易控制，便于操作，易于实现机械化和自动化。

但电炉熔炼也有一定的缺点，主要是炉料需预先经过干燥脱水。干燥和预热一般采用回转窑，因此需要消耗大量的热量，并且用电炉熔炼本身能耗也高，污染虽然已经比鼓风炉熔炼有所减少，但仍较严重，这些对节能减排都是十分不利的。

自 20 世纪 50 年代新喀里多尼亚多尼安博（Doniambo）冶炼厂采用回转窑—电炉熔炼氧化镍矿生产镍铁以来，此法已在全世界获得广泛应用。目前至少有 14 家工厂使用还原熔炼法处理氧化镍矿生产镍铁。镍铁年产量（含镍计）在 25 万吨左右，大都采用电炉熔炼。采用该法生产镍铁合金的工厂主要有法国镍公司的新喀里多尼亚多尼安博冶炼厂、哥伦比亚塞罗马托莎厂、日本住友公司的八户冶炼厂，产出的产品中镍质量分数为 20%~30%，镍回收率达到 90%~95%，但钴不能回收[25,26]。

1.5.1.2 镍锍工艺

还原硫化熔炼处理氧化镍矿生产镍锍的工艺是最早用来处理氧化镍矿的工艺，早在 20 世纪二三十年代就得到了应用，当时采用的都是鼓风炉熔炼。该工艺与鼓风炉还原熔炼生产镍铁的工艺存在相同的缺点。20 世纪 70 年代以后建设的大型工厂均采用了电炉熔炼的技术处理氧化镍矿生产镍锍[27,28]。

镍锍生产工艺是在镍铁工艺的基础上，在电炉熔炼过程中加入硫化剂，产出低镍锍，然后再通过转炉吹炼生产高镍锍。镍锍的成分可以通过还原剂焦粉和硫化剂的加入量得以调整。还原硫化熔炼的硫化剂可供选择的有黄铁矿（FeS_2）、石膏（$CaSO_4 \cdot 2H_2O$）、硫黄和含硫的镍原料。选择的原则是：来源方便、充足、价格合理以及考虑氧化镍矿本身造渣成分的含量等因素。采用硫黄作硫化剂的优点是简单易行，而且对熔炼过程不产生负面影响（即不影响渣成分、不影响处理能力、不增加电耗）。但它价格较贵，硫的有效利用率不高，而且要有一套硫黄熔化和输送喷洒的设施。目前国际大公司多采用硫黄做硫化剂。国际镍公司（INCO）所属的印度尼西亚和新喀里多尼亚的工厂均采用硫黄作硫化剂。将硫黄熔化后有控制地喷洒在回转窑焙烧出来的仍处于一定温度下的焙砂上，使铁、镍转化为硫化物，而后送入电炉熔炼生产低镍锍[29]。

采用还原硫化熔炼处理氧化镍矿生产镍锍的工艺，其产品高镍锍具有很大的灵活性：经焙烧脱硫后的氧化镍可直接还原熔炼生产用于不锈钢工业的通用镍；也可以作为常压羰基法精炼镍的原料生产镍丸和镍粉；由于高镍锍中不含铜，还可以直接铸成阳极板送硫化镍电解精炼的工厂生产阴极镍。总之，可以进一步处理，生产各种形式的镍产品，并可以回收其中的钴。

目前生产高镍锍的主要工厂有法国镍公司的新喀里多尼亚多尼安博冶炼厂、印度尼西亚的苏拉威西-梭罗阿科冶炼厂。高镍锍产品中镍含量（质量分数）一般为79%，硫含量（质量分数）为19.5%。全流程镍回收率约70%。全世界由氧化镍矿生产镍锍的镍在12万吨左右。

1.5.2 湿法处理工艺

褐铁矿类型的红土镍矿和含镁比较低的硅镁镍矿通常采用湿法冶金工艺处理。湿法冶金主要有两种工艺：一种是加压酸浸工艺和常压酸浸工艺，酸可以是硫酸或者盐酸，但较多采用的是硫酸；另一种就是最早使用的还原焙烧—氨浸工艺。近年来红土镍矿的湿法冶金技术有了很大的发展，特别是加压浸出技术和各种组合的溶剂萃取工艺，还发展出了常压浸出、微生物浸出和微波加热—$FeCl_3$氯化法等新工艺[30,31]。

1.5.2.1 加压酸浸工艺

加压酸浸法处理红土镍矿是从20世纪50年代发展起来的，一般流程为[32,33]：在250~270℃、4~5MPa的高温高压条件下，用稀硫酸将镍、钴等与铁、铝矿物一起溶解，在随后的反应中，控制一定的pH值等条件，使铁、铝和硅等杂质元素水解进入渣中，镍、钴选择性进入溶液。浸出液用硫化氢还原中和、沉淀，浸出设备既可用帕丘卡空气搅拌浸出槽，也可用衬钛釜。

加压酸浸工艺的主要影响因素有：

（1）矿石品位。矿石品位直接影响加压酸浸工艺的经济性和后续溶液处理的难度。只有镍达到一定的品位，才能保证一定的经济指标。对于部分矿石，可以通过湿筛分离提高矿石中镍与钴的品位[34,35]。

（2）镁与铝的含量。镁与铝是主要的耗酸元素，在镍、钴品位一定的情况下，矿石中镁、铝的含量直接影响矿石的硫酸消耗量，从而影响工艺的技术经济指标[36]。

(3) 矿物学特征。不同的矿物组成，对加压酸浸工艺金属的回收率影响很大。加压酸浸工艺适合处理以针铁矿为主的矿石，不太适合处理泥质较多的矿石[37~39]。

(4) 结垢程度。加压酸浸过程中，溶液中含有大量的铝、铁和硅，随着反应的进行，铝、铁和硅都会沉降、黏附在高压釜胆和管道内壁，从而减少高压釜的有效容积，堵塞管道。在古巴的毛阿厂，高压釜的结垢速率为300mm/a，平均每月需要5天时间除垢。在澳大利亚的连续试验过程中，采用高盐度水，在温度250~265℃条件下，其结垢速率大约为150mm/a[40]。因此，减少结垢速率是提高高压釜处理能力的重要手段。

(5) 工业用水。在加压浸出过程中，高盐度水的使用有可能有利于有价金属的浸出。但是高盐度水在浸出过程中产出酸，从而导致设备、管道及阀门的腐蚀[41,42]。

由于以上这些影响因素，加压酸浸工艺适合于处理低镁含量的氧化镍矿，矿石中镁含量过高会增加酸的消耗，提高操作成本，这对工艺过程也会带来影响。如果矿石中的钴含量高，则更适合采用酸浸工艺，不仅钴的浸出率比氨浸工艺高，而且由于钴的价值比镍高，酸浸工艺的单位生产成本大幅度降低。虽然高压酸浸镍浸出率可达90%以上，但由于酸浸工艺也受到矿石条件的制约，目前世界上采用酸浸法处理氧化镍矿的工厂只有3家，且高温高压的处理条件对设备要求苛刻，运转十分不正常[43~46]。总体而言，加压酸浸工艺发展尚不成熟。

1.5.2.2 常压酸浸法

常压酸浸法处理红土镍矿的一般工艺为：对红土镍矿先进行磨矿和分级处理，将磨细后的矿浆与洗涤液和酸按一定的比例在加热的条件下反应，使矿石中的镍浸出进入溶液，再采用碳酸钙进行中和处理，过滤后液固分离，得到的浸出液用硫化物作沉淀剂进行沉镍。近年来，国外主要是针对红土镍矿中不同矿相在常压酸浸中的浸出行为进行了研究，如针铁矿相[47]、褐铁矿[48]、蛇纹石矿相[49,50]、蒙脱石矿相[51,52]等矿相在常压酸浸过程中的反应动力学以及反应活性等，得出了一系列相关的研究成果。Canterford等人采用提高浸出温度[53,54]、控制还原电位[55~58]、加入催化剂盐[59,60]、强化矿的前处理[61~64]、加入硫化剂[65~69]和预焙烧[70~77]等方法强化镍和钴的浸出和抑制铁、镁等杂质金属的浸出，在减少酸耗的同时提高浸出的选择性，取得了较好的效果。

国内的科研工作者也对红土镍矿展开了细致的研究。罗仙平等人[79]用硫酸在常压条件下对某含镍蛇纹石矿进行了浸出试验研究，在磨矿细度小于0.074mm占87.1%、硫酸浓度1.5mol/L、矿浆浓度167g/L、浸出时间8h、浸出温度60℃的条件下，镍的浸出率超过85%。浸出液经过黄铁胆矾法除铁、硫化法除重金属、中和沉镍分离碱金属和碱土金属后，得到含镍 41.24%的 $Ni(OH)_2$镍精矿，综合回收率达到 75.93%。刘瑶等人[79]采用常压浸出工艺对低含量红土镍矿进行了试验，磨矿粒度为小于 0.074mm（200 目）占 80%、浸出温度 95℃、酸料比 0.85∶1 条件下，镍浸出率为 85%左右。浸出液通过氢氧化镍沉淀、碳酸镍沉淀和硫化镍沉淀等多种方法回收镍。其中采用硫化钠沉淀，镍沉淀物中含镍量可达 20%以上，镍回收率可达 80%以上。罗永吉等人[80]采用常温搅拌的方法对某含镍蛇纹石的浸出进行了研究，张仪[81]对某含较多碱性脉石的红土镍矿采用加温搅拌浸出的方法进行了研究，都取得了一定的浸出效果。

常压浸出方法具有工艺简单、能耗低、不使用高压釜、投资费用少、操作条件易于控制等优点，但是浸出液分离困难，浸渣中镍钴含量仍较高，并且浸出液中杂质金属含量较高，酸耗大[82]。

1.5.2.3　还原焙烧—氨浸工艺

还原焙烧—氨浸法（简称为 RRAL）是湿法处理红土镍矿工艺中最早应用的，由 Caron 教授发明，所以又称为 Caron 流程[83]。还原焙烧—氨浸的一般工艺是：先将红土镍矿干燥、磨碎，在 600~700℃温度下还原焙烧，使镍、钴和部分铁还原成合金，然后再经多级逆流氨浸，利用镍和钴可与氨形成配合物的特性，使镍、钴等有价金属进入浸出液。浸出液经硫化沉淀，母液再经过除铁、蒸氨，产出碱式硫酸镍。碱式硫酸镍经过煅烧转化成氧化镍，也可以经过还原生产镍粉。还原焙烧的目的是使硅酸镍和氧化镍最大限度地被还原成金属，同时控制还原条件，使大部分铁还原成 Fe_3O_4，只有少部分 Fe 被还原成金属。氨浸是将焙烧矿用氨将金属镍和钴转为镍氨及钴氨络合物进入溶液。该方法由火法的还原焙烧过程和湿法的氨浸过程两大部分组成，可以看成是使火法和湿法工艺相结合的最初尝试[84]。

火法过程中的还原焙烧使用的还原剂是煤。还原剂加入量将直接影响还原焙烧的气氛，还原剂不够，镍、钴无法充分还原，也不能以氨浸回收；还原剂过多，不但浪费还原剂，而且大量铁还会被还原成金属态，不仅达不到选择性还原的目的，还会降低镍钴的浸出率。这是由于还原剂加入量过多，铁过还原，在氨浸过程中大量的铁进入溶液并氧化生成 $Fe(OH)_3$胶体沉淀。$Fe(OH)_3$胶体对镍、钴氨络离子有较强的吸附作用[85]，最终降低了镍、钴的浸出率。另外，在还原焙烧过程中，要适当控制产物的粒度，因为氨浸过程的动力学模型符合收缩核模型，因此给矿粒度越小就越容易被浸出，但是这仅对矿石中铁的浸出有利，对镍的浸出却没有很大影响，而且粒度越小对钴的浸出反而不利，这是由于该矿铁含量较高，给矿粒度越小，铁更容易被还原成可溶性铁，在氨性溶液中氧化成氢氧化铁沉淀，其对钴氨络离子具有较强的吸附性。

湿法的氨浸过程就是将焙烧矿再用氨将金属镍和钴转为镍氨及钴氨络合物进入溶液，金属铁先生成铁氨络合物进入溶液，然后再氧化成 Fe^{3+}，水解生成氢氧化铁沉淀，氢氧化铁沉淀时会造成较大的钴损失。传统的工艺是将氨浸液通过蒸氨得到碱式碳酸镍，然后煅烧得到 NiO。NiO 可以作为产品出售，也可以通过氢还原得到金属镍。钴从蒸氨以后的尾液中用 H_2S 沉淀得到硫化钴。1987 年以后，传统的还原焙烧—氨浸工艺有了很大的改进。这主要是氨浸液采用了萃取工艺，萃取剂为 LIX84-I，特点是直接从氨性溶液中萃取镍，而反萃在硫酸盐溶液中进行，反萃得到的硫酸镍溶液电积即可以得到高质量的阴极镍。钴存在于 LIX84-I 萃取镍以后的萃余液中，用 H_2S 沉钴得到硫化钴。硫化钴在高压釜中通 O_2 进行氧压浸出，可以使 97%的钴溶解，得到含 Co 60g/L、Ni 2~2.5g/L 的溶液。该溶液首先用 D_2EHPA 萃取除去 Zn、Fe 等杂质，然后再用 D_2EHPA 控制 pH 值萃取钴，负载钴的有机相用 280g/L 的碳酸铵反萃，得到含 Co 60g/L 的钴氨络合物，这个步骤称之为“钴转化”。

通过这个步骤将钴从硫酸介质转为氨性介质，同时除去了杂质。得到的钴氨溶液用 LIX84-I 萃取除去其中的镍，再用大孔阳离子树脂交换除去 Ca、Mg，蒸氨得到碱式碳酸钴，这种产品纯度很好，而且易溶于 HCl、H_2SO_4、HNO_3 和 $H_2C_2O_4$ 中，可以转化为各种钴产品用于化学试剂或电池工业，这种钴产品称之为 QN 化学品级的钴，粒度 17μm。其工艺流程具体如图 1-3 所示。

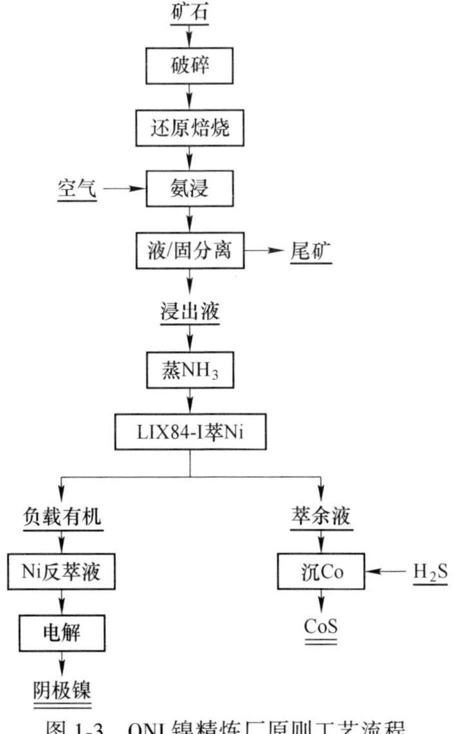

图 1-3　QNI 镍精炼厂原则工艺流程

同其他方法相比，氨性浸出法处理红土镍矿时矿石不需要熔炼，因此在当时被认为是能耗最低的有效浸出方法，但是氨浸法只适合处理红土镍矿床上层的红土镍矿，不适合处理下层硅镁含量高的矿层，这就极大地限制了氨浸法的发展，从 20 世纪 70 年代以后就没有新建工厂选用该工艺[86]。

1.5.3 火法—湿法结合工艺

鉴于火法和湿法各有其优点和不足之处，人们提出了火法—湿法结合工艺，发挥两种方法各自的优点，以期达到提高产品质量，降低生产成本的目的。

火法—湿法相结合的工艺主要有还原焙烧—磁选工艺和还原焙烧—浮选工艺[11]。使用火法—湿法结合工艺处理氧化镍的工厂，目前世界上只有日本的冶金公司——大江山冶炼厂。主要工艺过程为：原矿磨细与粉煤混合制团，团矿经干燥和高温还原焙烧，焙烧后的矿团再磨细，将矿浆进行选矿分离得到镍铁合金产品。该工艺的最大特点是生产成本低，能耗中的 85%能源由煤提供，每吨矿耗煤 160~180kg。而火法工艺电炉熔炼的能耗 80%以上由电能提供，每吨矿耗电 560~600kW · h，两者能耗成本差价很大，按照目前国内市场的价值计算，两者价格相差 3~4 倍。但是该工艺存在的问题还比较多，大江山冶炼厂虽经多次改进，工艺技术仍不够稳定，经过几十年其生产规模仍停留在年产镍 1 万吨左右。该工艺的技术关键是粉煤与矿石混合和还原焙烧过程的温度控制。从节能、低成本和综合利用镍资源的角度出发，这一工艺是值得进一步研究和推广的。俄罗斯的研究人员对乌拉尔氧化镍矿采用离析焙烧进行浮选或磁选等方面进行了试验研究后认为，它是目前唯一能降低成本、节约能源和增加镍产量的方法，并且适合处理任何类型的氧化镍矿。

1.5.4 细菌浸出工艺

细菌浸出工艺属于生物冶金范畴。从红土镍矿提取镍的许多冶金方法要消耗大量能量，同时成本高，利用微生物的生物活性使金属从贫矿石中有效溶解出来，则可以显著降低能耗与原料消耗。细菌浸出工艺尽管在试验室取得了一定的效果，但由于工业设备及生产规模等因素的影响，目前还没有进行工业化试验。随着基因工程等生物技术的发展，无污染、低消耗的生物冶金技术必将在低品位红土型镍矿的开发利用中发挥重要作用[11]。

1.6 氯化冶金工艺

氯化冶金是添加氯化剂（如 HCl、Cl_2、NaCl、$CaCl_2$等）使欲提取的金属转变成氯化物，为制取纯金属作准备的冶金方法。大多数金属和金属的氧化物、硫化物或其他化合物在一定条件下大都能与化学活性很强的氯反应，生成金属氯化物。金属氯化物与该金属的其他化合物相比，具有熔点低、挥发性高、较易被还原、常温下易溶于水及其他溶剂等特点，并且各种金属氯化物的生成难易和性质上存在着明显的差异。在冶金过程中，常常利用上述特性，借助氯化冶金有效地实现金属的分离、富集、提取与精炼等目的。早在16世纪中叶就发现含金、银的矿石在浸取（浸出）过程中，加入一定量的食盐，可以提高金属的回收率。18世纪出现了氯化焙烧—浸出法处理贵金属矿石，效果更好。到19世纪中期，此法扩大应用于处理低品位铜矿石，这是氯化冶金应用的一个重要发展。20世纪20年代，氯化冶金除了应用于镁的提取之外，还以氯化离析法用于提取有色重金属（主要是铜）。20世纪50年代以来，氯化冶金广泛用于稀有金属冶金中[87]。

1.6.1　湿法氯化冶金

同一种金属的氯化物在水中的溶解度一般比其硫酸盐的溶解度高，而且许多金属离子都能与氯离子形成配合物，在盐酸和氯化物的水溶液中氢离子活度也更大，这些特性会引起溶液的pH值、Eh、分配系数和络合平衡等物理化学性质的变化，也使氯化湿法冶金过程被应用于处理硫酸或其他酸碱不好处理的选矿和冶金过程中。对于处理复杂硫化矿或氧化矿及其他难处理的矿石，氯化湿法冶金过程比起需要高投资的加压浸出有明显优势。氯化湿法冶金是湿法冶金技术的重要分支，研究氯化湿法冶金工艺对开发高效率、低能耗和低成本的湿法冶金新工艺具有重要意义[88]。

湿法冶金的理论研究在20世纪初期就已经开始，据可查阅到的最早的文献记载，1969年L. N. Utkna、T. I. Kunin和A. A. Shutov研究了氯化铜在氯化钠溶液中的溶解度的相关性质[89]。次年，有赖于S. Aheland和J. Rawsthome发表的重要文献，人们对氯化冶金中金属卤化配合物的稳定性有了深刻的认知[90]。之后，陆陆续续有相关成果被发表：1979年Fe^{3+}的氯配合物的生成热力学和动力学被系统地研究并取得一定成果[91]；J. J. C. Jansz在1983年对氯盐体系中的离子活度进行了估算，紧接着又在第二年发现和研究了一种便利地计算氯配合物的离子活度和分配系数的方法[92,93]；1988年，G. Sanayake和D. M. Muir[94]对几种重要的金属离子在浓氯盐和硫酸盐溶液中的物种形态及其还原电位进行了探讨；1992年，J. E. Dutrizc[95]研究了氯盐对硫化矿的浸出效果，并对浸出过程的溶液化学进行了分析；2002年D. M. Muir[96]在已有成果的基础上较全面地研究和论述了氯化湿法冶金过程的基本原理；2003年G. V. K. Puvvada等人[97]对氯化冶金进行了归纳和总结，并建设性地指出了氯盐的活度系数一般比硫酸盐大。

在应用方面，研究较多的是硫化矿的浸出，如硫化铜矿的浸出、铅锌硫化矿的浸出及复杂和多金属硫化矿的处理。用硫酸盐体系浸出硫化铜矿物，特别是含铁的黄铜矿，容易生成硫钝化层或铁矾钝化层，而用氯盐溶液浸出可以避免这个问题。此外，在浸出稀土和稀贵金属方面也经常会用到氯盐或盐酸。

1.6.2 火法氯化冶金

火法氯化冶金指高温下氯化剂与目的金属物料作用生成该金属的氯化物达到改变目的金属属性[98]或是实现其与其他组分分离的目的。火法氯化按照反应初始加入的氯化剂种类不同又可分为 Cl_2 氯化、HCl 氯化和固体氯化剂（$CaCl_2$、$MgCl_2$等）氯化三种[99]。

1.6.2.1 Cl_2氯化

通过焙烧，Cl_2很容易与 Ag、Pb、Cd、Cu 等常见金属的氧化物反应，较难与 NiO、CoO 等反应，与通常认为的脉石组分如 SiO_2、MgO 等则极难反应。铁比较特殊，其高价氧化物如 Fe_2O_3、Fe_3O_4等几乎不会被氯化，但若将高价铁氧化物还原为 FeO，则可以被 Cl_2氯化。因此，可以根据不同金属氧化物被 Cl_2氯化的难度差异控制氯化焙烧气氛，从而实现金属间的有效分离。例如在氧化性气氛下氯化焙烧黄铁矿烧渣有效脱除烧渣中的有色金属就是尽量使有色金属被氯化而铁不被氯化，但是要想脱除钛铁矿中的铁，则根据钛的氧化物比铁的氧化物难氯化，尽量将氯化气氛控制为还原性气氛使铁以低价氧化物被氯化后挥发出去。反应温度、体系氯氧比等因素决定了金属氧化物能否被氯化，氯化反应实际进行的程度则需要计算实际反应的吉布斯自由能与理论值比较[99]。

选择性氯化是火法氯化冶金的热门研究方向，Kanari 等人[100]对黄铜矿的氯化焙烧机理进行了研究，发现室温下黄铜矿即可与 Cl_2发生反应，300℃条件下黄铜矿内的 Fe 和 S 即可全部被氯化挥发，而有价金属 Pb、Zn、Cu 则留在焙烧渣中，温度继续升高会增大有价金属的挥发率。该工艺不仅实现了低能耗分离黄铜矿中的 Fe、S 与有价金属，而且不会排放污染环境的 SO_x，很有发展前景。在低品位锡矿、富锡渣或锡中矿的提锡过程中也会用到氯化焙烧[101,102]。

1.6.2.2 HCl(g) 氯化

反应体系内有 $H_2O(g)$ 的氯化反应大都属于此类反应。其反应简式如下：

$$MeO(s) + 2HCl(g) \longrightarrow MeCl_2(s/g) + H_2O(g) \tag{1-1}$$

通常容易被 Cl_2氯化的金属氧化物也会被 HCl（g）氯化，如 Ag_2O、Cu_2O、CuO、PbO 等，但随着反应温度升高，反应越来越难发生，即 NiO、CoO、FeO 等在低温下才能被 HCl(g) 氯化。反应（1-1）为可逆反应，反应逆向进行则为氯盐的水解反应，因此氯化剂为 HCl(g) 时，金属氧化物的氯化反应趋势与该金属的氯盐的水解反应是对立的：氯化反应趋势强的金属氧化物被氯化后也不容易再被水解，如 Ag_2O、CuO、Cu_2O、PbO 等，不利于氯化反应发生的条件反而会促进水解反应，如升高反应温度。因此，对于被 HCl(g) 氯化的难易程度一般的氧化物，为减轻其氯化焙烧时氯化产物的水解，体系中的 HCl/H_2O 值以及反应温度很关键。H. Mattenberger 等人[103]研究发现，HCl(g) 可有效去除污泥灰中的重金属，颜慧成和刘世杰[104]以 HCl 作为氯化剂离析贵贱金属实现了贵金属的高倍富集。

1.6.2.3 固体氯化剂氯化

固体氯化剂与物料反应可能通过三种方式进行：固体氯化剂与被氯化物料互换非金属元素，发生交互反应；固体氯化剂受热分解产生 Cl_2或 HCl 氯化物料；固体氯化剂与其他辅助组分反应生成 Cl_2或 HCl 参与氯化反应。

交互氯化反应的发生需要目标金属比氯盐中的金属有更强的与氯结合的能力[99]，而固-固反应的反应动力学条件较差，需要考虑在熔融状态下进行，这会加大冷却后反应物与反应器分离的难度，且通常需要较高温度，因此不考虑该途径作为氯化反应的主要途径。后面两条途径都是通过产生氯化介质来发生作用的。有研究者发现，在反应过程中 SiO_2、Fe_2O_3等在特定条件下可作为活性组分促进固体氯盐分解出 HCl 或者 Cl_2[105,106]。

1.6.3 氯化离析工艺

氯化离析是指在中性或弱还原性气氛下焙烧矿石与氯化剂（氯化钠或氯化钙）和碳质还原剂（煤或焦炭），使其中的有价金属氧化物或含氧盐被氯化后立即被还原成金属单质或合金颗粒的过程。产品中的单质镍通常采用湿式磁选，但含铁高的红土镍矿不宜用磁选回收，而要通过控制离析过程中的焙烧气氛实现选择性氯化及还原。

红土镍矿氯化离析工艺及后续分离工艺流程如图 1-4 所示。从图 1-4 可以看出，氯化离析工艺与直接还原工艺都需要根据矿石的性质调整焙烧温度、添加剂以及后续处理工艺，主要区别在于氯化离析工艺是有价金属氧化物先被氯化再以氯化物的形式被还原。HCl(g) 对金属氧化物的氯化在低温下就可以实现且具有选择性，金属氯化物比起氧化物更容易被还原，从而降低了有价金属氧化物转化为单质的难易程度，再加上同一种金属氯化物相比其氧化物熔点低、挥发性高，根据需要可以将离析温度调节至有价金属氯化物的沸点之上使其生成后自行逸出至碳质还原剂表面，而直接还原主要属于就地反应，有价金属即使被还原为单质，仍与脉石矿物尤其是表面活性大的硅酸盐类矿物结合在一起，因此，氯化离析的产品比直接还原更容易分离，氯化离析比直接还原工艺更有优势。以上种种优点使其逐渐成为重要的红土镍矿处理工艺，越来越多学者开始关注该工艺。

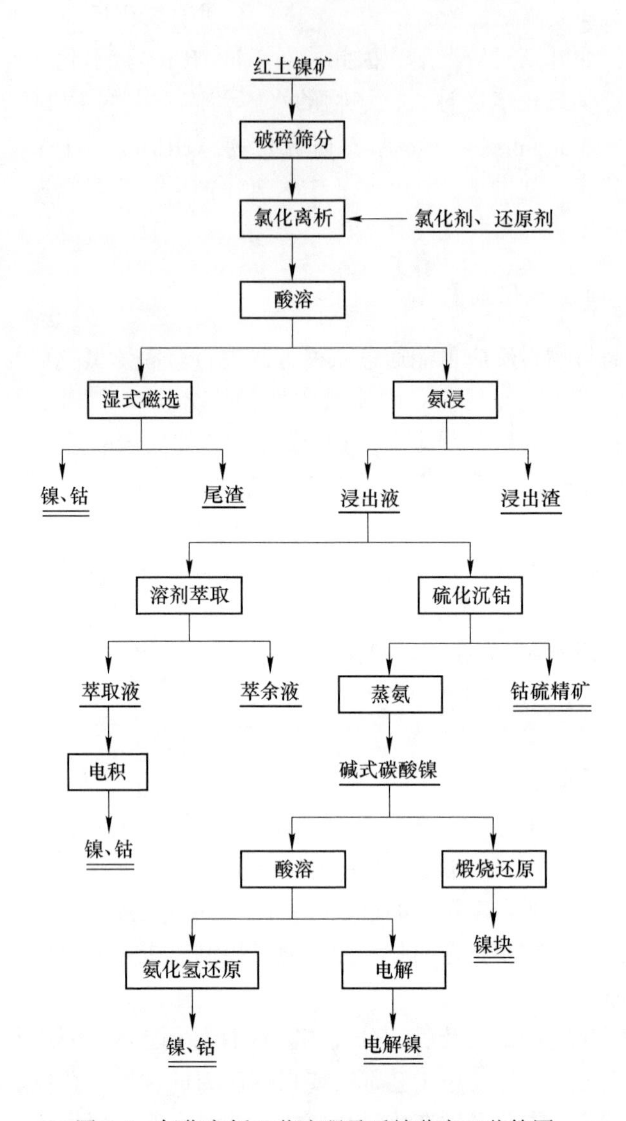

图 1-4　氯化离析工艺流程及后续分离工艺简图

王成彦[107,108]以氯化钠作为氯化剂、焦末和氢气作为还原剂，采用氯化离析—焙砂氨浸—溶剂萃取—电积工艺对元江红土镍矿进行了处理，通过准确控制氨浸时的氧化还原电位使矿石中的铁以 $Fe(OH)_3$ 沉淀的形式与镍分离，得到了较高的镍回收率（高于 80%），且离析温度较传统离析工艺的离析温度低、还原剂用量较传统用量少，但是同时也指出，该联合工艺不适合处理高铁、高钴红土镍矿，因为离析得到的低价铁的氧化物在氨浸时会先溶出再被氧化、沉淀，沉淀时会携带一部分 Co^{3+}，降低 Co 回收率。

华一新等人[109]以无水氯化铁作为氯化剂、微波加热的焙烧方式氯化镁质硅酸盐型红土镍矿，有效利用了微波可以选择性地加热的优点，选择性氯化目的矿物，得到了较高的镍浸出率（71.65%），并探索了微波辐射功率、加热时间及氯化铁用量对氯化效果的影响。

符芳铭等人[110]以氯化铵作为氯化剂氯化元江红土镍矿，计算和分析了焙烧过程中的相关化学反应热力学，发现温度升高会使有价金属（Ni、Co、Mn）的铁酸盐及氧化物（MnO_2例外）的氯化程度降低，但其硅酸盐的氯化程度几乎不受影响，并设计实验考察反应过程中各种因素对于氯化效果的影响。

张琏鑫[111]以低铁高镁红土镍矿为研究对象，通过对该工艺中涉及的重要反应进行热力学计算及对矿石重要组分进行相图分析，结合实验与理论结果，较详细地研究了氯化离析红土镍矿的全过程，并重点从相转变的角度解释了以氯化钙作为氯化剂时氯化介质（氯化氢）是如何在矿物作用下产生及氯化有价金属氧化物的。

刘婉蓉[112]以氯化钙作为氯化剂、以多种红土镍矿为实验对象研究了氯化离析—磁选工艺，结果表明该工艺适合处理腐殖土型红土镍矿、褐铁矿型红土镍矿及过渡型红土镍矿，验证了氯化离析工艺较强的原料适应性，证明了该工艺的巨大市场潜力。

杨清荣、张桂芳等人[113]以无水氯化钙作为氯化剂，考察了氯化钙添加量、还原剂添加量、其他添加剂（种类及用量）、焙烧温度、焙烧时间以及焙烧后磁选回收镍时磁选机磁场强度对镍回收率及品位的影响。

1.6.4 小结

综上所述，火法工艺处理氧化镍矿生产镍铁合金具有流程短、效率高等优点，但能耗较高，其成本中的最大构成项是能源消耗，如采用电炉熔炼，仅电耗就约占成本的50%，再加上氧化镍矿熔炼前的干燥、焙烧预处理工艺的燃料消耗，成本中的能耗成本可能要占65%以上，用火法工艺处理中低品位的红土镍矿由于冶炼矿石量大、能耗高，冶炼成本较高，因此目前火法工艺主要处理高品位的红土镍矿。目前处理中低品位红土镍矿的主要方法是湿法工艺，虽然成本上比火法低，但湿法处理氧化镍矿工艺复杂、流程长、工艺条件对设备要求高。解决火法和湿法结合工艺中技术难点以及火法工艺能耗高的难题和开发新的湿法工艺处理中低品位红土镍矿将是今后镍冶炼的发展方向[114]。氯化冶金处理红土镍矿则具有以下优点：（1）对原料的适应性强，可处理各种不同类型的原料，无论镍品位高或是低；（2）作业温度比其他火法冶金过程低，且提取率较高；（3）分离效率高，有价金属元素富集比高，综合利用好。在高品位矿石资源逐渐枯竭的情况下，对储量很大的低品位、成分复杂难选的贫矿来说，氯化冶金将发挥它更大的作用。

1.7 研究背景及内容

1.7.1 研究背景

20 世纪 80 年代以来，中国经济取得了高速发展，有色金属消费需求旺盛，1993~2003 年的 10 年间，中国精镍的消费量年平均增长率高达 12%。2003 年以来，镍消费量连续 3 年居世界第一位，2006 年达 25.5 万吨。2000~2009 年间，中国境内的镍金属需求，每年有将近 25%的成长幅度。此种显著的增长势头，让中国成为全世界镍消费量最大的国家，1995 年中国占全球镍消费量仅 4%，到了 2017 年则飙升至 53%[7]。然而，我国镍资源自给率不断下降，已由 2002 年的 62%，下降到 2006 年的 51%。根据中国国土资源部公布的数据，截至 2002 年底，我国镍资源储量约 828 万吨，而可利用资源仅 190 万吨，镍资源的静态保障年限仅为 20 年。国内镍供需矛盾将十分突出，不仅影响国民经济持续发展，而且对国防安全更是潜在的重大威胁。我国总的镍资源中，目前技术难以利用的镍资源量 638 万吨，为高碱性脉石型低品位硫化镍矿和红土镍矿，同时伴生铜金属量 500 万吨左右。这类矿石的突出特点是碱性脉石含量高和有价金属赋存状态复杂。

发现于 20 世纪 60 年代的云南元江镍矿（也称为墨江镍矿），是一个典型的高 MgO 含量的蛇纹石结合型贫红土镍矿，金属镍储量 43 万吨，平均含镍 0.83%、含钴 0.08%。工艺矿物学研究表明，该矿床的矿化经过了母岩蛇纹石化和褐铁矿化两个过程，使镍在褐铁矿及硅酸盐矿物（蛇纹石、绿泥石等）中富集成矿。X 射线衍射、显微镜观察及扫描电镜分析等手段进行的矿物检测表明，原矿物主要有褐铁矿、磁铁矿、赤铁矿、铬铁矿、叶蛇纹石、绿泥石等，同时还含有少量铬铁尖晶石、橄榄石、顽火辉石、斑铜矿、方铅矿、菱铁矿方解石等。原矿中，褐铁矿主要呈薄膜状分布于硅酸盐矿物表面，是主要的含镍矿物。蛇纹石是由母岩（橄榄石或辉石）蛇纹石化而形成，含有一定量的镍，也是主要的含镍矿物，绿泥石中也含有一定量的镍[115]。

1.7.2 研究内容

本书的研究重点是以云南元江红土镍矿为原料，对矿石进行主要矿相及成分分析，针对矿相中有价金属赋存状态复杂、矿相互相浸染、类质同象等特点，以氯化物为浸出介质，利用氯离子活性强、易形成氯化物配体以及金属氯化物沸点低等特点，分别采用常压盐酸浸出、氯化焙烧—水浸和氯化离析—磁选等方法提取红土镍矿中的镍和钴。以氯离子为反应介质，可以充分利用氯盐体系中的各项优点，镍、钴提取率高，盐酸易于再生，或者利用杂质金属氯化物与镍钴氯化物热力学稳定性的不同，选择性提取有价金属，简化净化流程，节约试剂消耗，减少镍钴在净化过程中的损失。研究内容主要包括以下四部分：

（1）红土镍矿常压盐酸浸出工艺及机理研究。根据矿物物相及成分分析，计算矿料中存在矿相与盐酸反应热力学常数，在热力学计算基础上，以盐酸为浸出介质，考察温度、酸浓度、时间、粒度等因素对镍、钴、锰、铁、镁等金属元素浸出率的影响，研究有价金属镍钴与铁等杂质金属浸出相关性，根据正交实验确定最佳浸出工艺条件，对反应动力学进行研究，计算其浸出活化能，并研究矿石中主要矿相溶解优先次序。

（2）盐酸-氯化铵溶液体系直接浸出工艺处理红土镍矿的研究。通过 OLI 软件模拟分析盐酸氯化铵溶液中氢离子活度、溶液的沸点以及矿物在其溶解度的影响，考察氯化剂的浓度、酸的种类及浓度、浸出温度、浸出时间以及液固比对有价金属浸出率的影响，研究各工艺条件对浸出效果的影响，确定适宜的工艺条件，并研究各个金属的浸出过程反应动力学以及对浸出机理进行分析，探讨反应控制步骤及提高酸利用程度的措施。

（3）红土镍矿氯化焙烧工艺及机理研究。根据矿物物相及成分分析，计算低温下矿料中存在矿相与氯化氢气体反应热力学常数，在热力学计算基础上，考察低温通入氯化氢气体焙烧实验中温度、粒度、氯化氢气体流速、时间等工艺条件对镍、钴、锰、铁、镁等金属元素浸出率和镍铁、镍镁比的影响。根据所加氯化剂的不同，计算不同氯化盐在中温条件下与矿物中不同矿相反应的热力学常数，探讨其氯化机理。在热力学计算基础上，考察氯化剂种类、氯化剂加入量、温度、粒度、时间等工艺条件对镍、钴、锰、铁、镁等金属元素浸出率和镍铁、镍镁比的影响。

（4）红土镍矿氯化离析—磁选工艺及机理研究。在对红土镍矿中温盐氯化焙烧机理分析讨论的基础上，通过热力学计算，对红土镍矿氯化离析—磁选工艺进行研究，考察氯化剂种类、氯化剂用量、还原剂种类、还原剂用量、还原剂粒度、时间、温度等工艺条件对镍、钴品位及收率的影响。

（5）矿相重构对金属元素浸出行为影响机理研究。根据矿物物相及成分分析，在不同温度下对矿料进行焙烧，使矿相发生重构，对比不同温度下焙烧料和原矿在常压盐酸浸出、氯化焙烧和氯化离析—磁选实验中镍、钴等金属浸出率的不同，探讨矿相重构对镍、钴、铁等金属在不同提取工艺条件中的浸出行为的影响及机理。

参 考 文 献

[1] 彭容秋，任鸿九，张训鹏，等．镍冶金［M］．长沙：中南大学出版社，2005：1~5.

[2] 毛麟瑞．战略储备金属——镍．中国物资再生［J］，1999，10：36~37.

[3] 何焕华，蔡乔方，查治楷，等．中国镍钴冶金学［M］．北京：冶金工业出版社，2000.

[4] 赵天丛．重金属冶金学（上册）［M］．北京：冶金工业出版社，1981：270~273.

[5] 2018 年中国原生镍需求情况分析［EB/OL］．（2018-6-12）［2019-2-13］. http：//www. chyxx. com/industry/201806/648838. html.

[6] 程明明．中国镍铁的发展现状、市场分析与展望［J］．矿业快报，2008（8）：1~3.

[7] 贾露萍．镍的现状与展望［J］．有色设备，2018（6）：17~20.

[8] Nickel mining & production［EB/OL］．［2019-4-13］. https：//www. nickelinstitute. org/about-nickel/.

[9] 李金辉，李洋洋，郑顺，等．红土镍矿冶金综述［J］．有色金属科学与工程，2015，6（1）：35~40.

[10] 范润泽．镍：市场初露止跌势头［J］．中国有色金属，2009（9）：64~65.

[11] 符剑刚，王晖，凌天鹰，等．红土镍矿处理工艺研究现状与进展［J］．铁合金，2009（3）：16~22.

[12] 宋学旺．元江镍矿区硫化镍矿床找矿思路探讨［J］．矿产与地质，2006，20（4~5）：392~396.

[13] 刘志国，孙体昌，王晓平．铁质和镁质红土镍矿直接还原-磁选工艺对比［J］．中国有色金属学报，2017，27（3）：594~604.

[14] 刘三平，蒋开喜，王海北，等．红土镍矿常压—加压两段联合浸出新工艺研究［J］．有色金属（冶炼部分），2014（11）：12~15.

[15] Pedro Paulo Medeiros Ribeiro，Reiner Neumann，Iranildes Daniel dos Santos，et al. Nickel carriers in laterite ores and their influence on the mechanism of nickel extraction by sulfation-roasting-leaching process［J］. Minerals Engineering，2019，131：90~97.

[16] Mu Wenning，Cui Fuhui，Huang Zhipeng，et al. Synchronous extraction of nickel and copper from a mixed oxide-sulfide nickel ore in a low-temperature roasting system［J］. Journal of Cleaner Production，2018，177：371~377.

[17] 杨玮娇，马保中，蒋兴明，等．褐铁型红土镍矿活化预处理后选择性浸出镍钴［J］．有色金属（冶炼部分），2018（1）：16~19.

[18] Ma Baozhong，Yang Weijiao，Yang Bo，et al. Pilot-scale plant study on the innovative nitric acid pressure leaching technology for laterite ores［J］. Hydrometallurgy，2015，155：88~94.

[19] Li Jinhui，Li Deshun，Xu Zhifeng，et al. Selective leaching of valuable metals from laterite nickel ore with ammonium chloride-hydrochloric acid solution［J］. Journal of Cleaner Production，2018，179：24~30.

[20] 王成彦，尹飞，陈永强，等．国内外红土镍矿处理技术及进展［J］．中国有色金属学报，2008，18（S1）：1~8.

[21] 李小明，白涛涛，赵俊学，等．红土镍矿冶炼工艺研究现状及进展［J］．材料导报：综述篇，2014，28（5）：112~116.

[22] 兰兴华．世界镍市场的现状和展望［J］．世界有色金属，2003（6）：42~47.

[23] 周全雄．氧化镍矿开发工艺技术现状及发展方向［J］．云南冶金，2005，36（4）：33~36.

[24] 张邦胜，蒋开喜，王北海，等．我国红土镍矿火法冶炼进展［J］．有色冶金设计与研究，2012，33（5）：16~19.

[25] 秦丽娟，赵景富，孙镇，等．镍红土矿 RKEF 法工艺进展［J］．有色矿冶，2012，28（2）：34~37.

[26] 朱德庆，邱冠周，潘健，等．红土镍矿熔融还原制取镍铁合金工艺：中国，CN101033515A［P］. 2009-03-18.

[27] 郭学益，吴展，李栋．镍红土矿处理工艺的现状和展望［J］．金属材料与冶金工程，2009，37（2）：3~9.

[28] 任鸿九，王立川．有色金属提取手册（铜镍卷）［M］．北京：冶金工业出版社，2000：512~514.

[29] 黄其兴，王立川，朱鼎之，等．镍冶金学［M］．北京：科学技术出版社 . 1990：224~225.

[30] 何焕华．氧化镍矿处理工艺评述［J］．中国有色冶金，2004（6）：12~15，43.

[31] 赵天从．重金属冶金学［M］．北京：冶金工业出版社，1981：125~127.

[32] Canterford J H. The extractive metallurgy of nickel [J]. Reviews of Pure and Applied Chemistry, 1972, 22 (8): 13~46.

[33] Girgis B S, Mourad W E. Textural variations of acid-treated serpentine [J]. Journal of Applied Chemistry and Biotechnology, 1976 (26): 9~14.

[34] Loveday B K. The use of oxygen in high pressure acid leaching of nickel laterites [J]. Minerals Engineering, 2008, 21 (7): 533~538.

[35] Johnson J A, McDonald R G, Muir D M, et al. Pressure acid leaching of arid-region nickel laterite ore. Part Ⅳ: Effect of acid loading and additives with nontronite ores [J]. Hydrometallurgy, 2005, 78 (3): 264~270.

[36] Duyvesteyn W P C, Lastra M R, Liu H. Method for recovering nickel from high magnesium-containing Ni-Fe-Mg lateritic ore: US, 5 571 308 [P]. 1996.

[37] Chandra D, Ruud C O, Siemens R E. Characterization of laterite nickel ores by electron-optical and X-ray techniques [R]. US Department of the Interior, Bureau of Mines, Washington DC, 1983.

[38] Kim D J, Chung H S. Effect of grinding on the structure and chemical extraction of metals from serpentine [J]. Particle Science and Technology, 2002, 16 (20): 159~168.

[39] Whittington B I, Johnson J A, Quan L P, et al. Pressure acid leaching of arid-region nickel laterite ore. Part Ⅱ: Effect of ore type [J]. Hydrometallurgy, 2003, 70 (1~3): 47~62.

[40] 翟秀静，符岩，畅永锋，等．表面活性剂在红土镍矿高压酸浸中的抑垢作用［J］．化工

学报，2008，59（10）：2573~2576.

[41] Agatzini-Leonardou S，Dimaki D. Method for the extraction of nickel and/or cobalt from nickel and/or cobalt oxide ores by heap leaching with a dilute sulphuric acid solution prepared from sea water at ambient temperature [P]. Greek Patent 1 003 569，2001.

[42] Whittington B I，Johnson J A. Pressure acid leaching of arid-region nickel laterite ore. Part Ⅲ：Effect of process water on nickel losses in the residue [J]. Hydrometallurgy，2005，78（3~4）：256~263.

[43] 肖振民. 世界红土型镍矿开发和高压酸浸技术应用 [J]. 中国矿业，2002，11（1）：56~59.

[44] Beukes J W，Giesekke E W，Elliot W. Nickel retention by goethite and hematite. Minerals Engineering，2000，13（14~15）：1573~1579.

[45] Prieto O，Vicente M A，Bañares-Muñoz M A. Study of the porous solids obtained by acid treatment of a high surface area saponite [J]. Journal of Porous Materials，1999，11（6）：335~344.

[46] Susan Glasauer，Josef Friedl，Udo Schwertmann. Properties of goethites prepared under acidic and basic conditions in the presence of silicate [J]. Journal of Colloid and Interface Science，1999，216（1）：106~115.

[47] Paul M Borer，Barbara Sulzberger，Petra Reichard，et al. Effect of siderophores on the light-induced dissolution of colloidal iron（Ⅲ）（hydr）oxides [J]. Marine Chemistry，2005，93（2~4）：179~193.

[48] Luo J，Li G H，Rao M J，et al. Atmospheric leaching characteristics of nickel and iron in limonitic laterite with sulfuric acid in the presence of sodium sulfite [J]. Miner. Eng.，2015，78：38~44.

[49] Rubisov D H，Papangelakis V G. Sulphuric acid pressure leaching of laterites-a comprehensive model of a continuous autoclave [J]. Hydrometallurgy，2000，58（2）：89~101.

[50] Mainak Mookherjee，Lars Stixrude. Structure and elasticity of serpentine at high-pressure [J]. Earth and Planetary Science Letters，279（1~2）：11~19.

[51] Temuujin J，Okada K，MacKenzie K J D. Preparation of porous silica from vermiculite by selective leaching [J]. Applied Clay Science，2003，22（4）：187~195.

[52] Linssen T，Cool P，Baroudi M，et al. Leached natural saponite as the silicate source in the synthesis of aluminosilicate hexagonal mesoporous materials [J]. Journal of Physical Chemistry B：Materials，Surfaces，Interfaces and Biophysical，2002，106（8）：4470~4476.

[53] Stella Agatzini-Leonardou，Ioannis G Zafiratos. Beneficiation of a Greek serpentinic nickeliferous ore. Part Ⅱ：Sulphuric acid heap and agitation leaching [J]. Hydrometallurgy，2004，74（3~4）：267~275.

[54] Weston D. Hydrometallurgical treatment of nickel，cobalt and copper containing materials：US，3 793 430 [P]. 1974.

[55] Kumar R，Ray R K，Biswas A K. Physico-chemical nature and leaching behaviour of goethites

containing Ni, Co and Cu in the sorption and coprecipitation mode [J]. Hydrometallurgy, 1990, 25 (1): 61~83.

[56] Lu Z Y, Muir D M. Dissolution of metal ferrites and iron oxides by HCl under oxidising and reducing conditions [J]. Hydrometallurgy, 1988, 21 (1): 9~21.

[57] Lee H Y, Kim S G, Oh J K. Electrochemical leaching of nickel from low-grade laterites [J]. Hydrometallurgy, 2005, 77 (3~4): 263~268.

[58] Trolard F, Bourrie G, Jeanroy E, et al. Trace metals in natural iron oxides from laterites: A study using selective kinetic extraction [J]. Geochimica Cosmochimica Acta, 1995, 59 (7): 1285~1297.

[59] Cornell R M, Posner A M, Quirk J P. Kinetics and mechanisms of the acid dissolution of goethite (α-FeOOH) [J]. Journal of Inorganic and Nuclear Chemistry, 1976, 38 (3): 563~567.

[60] Hirasawa R, Horita H. Dissolution of nickel and magnesium from garnierite ore in acid solution [J]. International Journal of Mineral Processing, 1987, 19 (1~4): 273~284.

[61] Aaltonen A, Karpale K, Malmström R. Method for recovering nickel and eventually cobalt by extraction from nickel-containing laterite ore: World, 03/004709 A1 [P] 2003.

[62] Zhang Q, Sugiyama K, Saito F. Enhancement of acid extraction of magnesium and silicon from serpentine by mechan-ochemical treatment [J]. Hydrometallurgy, 1997, 45 (3): 323~331.

[63] Okada K, Arimitsu N, Kameshima Y, et al. Preparation of porous silica from chlorite by selective acid leaching [J]. Applied Clay Science, 2005, 30 (6): 116~124.

[64] Yang Huaming, Du Chunfang, Hu Yuehua, et al. Preparation of porous material from talc by mechanochemical treatment and subsequent leaching [J]. Applied Clay Science, 2006, 31 (3~4): 290~297.

[65] Dutrizac J E, Chen T T. The behaviour of scandium, yttrium and uranium during jarosite precipitation [J]. Hydrometallurgy, 2002, 98 (1~2): 128~135.

[66] Swamy Y V, Kar B B, Mohanty J K. Physico-chemical characterization and sulphatization roasting of low-grade nickeliferous laterites [J]. Hydrometallurgy, 2003, 69 (1~3): 89~98.

[67] Kar B B, Swamy Y V, Murthy B V R. Design of experiments to study the extraction of nickel from lateritic ore by sulphatization using sulphuric acid [J]. Hydrometallurgy, 2000, 56 (3): 387~394.

[68] Verbaan N, Sist F, Mackie S, et al. Development and Piloting of Skye Resources Sulphation Atmospheric Leach (SAL) Process at SGS Minerals, ALTA 2007 Nickel/Cobalt 12 [J]. ALTA Metallurgical Services, Melbourne, 2007.

[69] Xu Y, Xie Y, Yan L, et al. A new method for recovering valuable metals from low-grade nickeliferous oxide ores [J]. Hydrometallurgy, 2005, 80 (4): 280~285.

[70] Neudorf D, Huggins D A. Method for nickel and cobalt recovery from laterite ores by combination of atmospheric and moderate pressure leaching: US, 2006/0024224 A1 [P]. 2006.

[71] Kar B B，Swamy Y V. Extraction of nickel from Indian lateritic ores by gas-phase sulphation with SO_2-air mixtures [J]. Transactions of the Institute of Mining and Metallurgy 110，Section C，2001，C73～C78.

[72] Sukla L B，Kanungo S B，Jena P K. Leaching of nickel and cobalt-bearing lateritic overburden of chrome ore in hydrochloric and sulphuric acids [J]. Transactions of the Indian Institute of Metals，1989，42 (3～4)：27～35.

[73] Panagiotopoulos N，Agatzini S，Kontopoulos A. Extraction of nickel and cobalt from laterites by atmospheric pressure sulfuric acid leaching [C]//115th TMS-AIME Annual Meeting，Warrendale，1986.

[74] Kawahara M，Mitsuo T，Shirane Y，et al. Dilute sulphuric-acid leaching of garnierite ore after magnetic-roasting the ore mixed with iron powder [J]. International Journal of Mineral Processing，1987，19 (1～4)：285～296.

[75] Bakker H F，Sridhar R. Leaching of oxide materials containing non-ferrous values：Canadian，1 023 560 [P]. 1978.

[76] Apostolidis C I，Distin P A. The kinetics of the sulphuric acid leaching of nickel and magnesium from reduction roasted serpentine [J]. Hydrometallurgy，1978，3 (2)：181～196.

[77] Willis B. Downstream processing options for nickel laterite heap leach liquors [C]//ALTA 2006 Nickel/Cobalt 11，Melbourne，2006.

[78] Neudorf D. Atmospheric leaching forum [C]// ALTA 2007 Nickel/Cobalt 12，Melbourne，2007.

[79] 罗仙平，龚恩民．酸浸法从含镍蛇纹石中提取镍的研究 [J]. 有色金属（冶炼部分），2006 (4)：28～30.

[80] 罗永吉，张宗华，陈晓鸣，等．云南某含镍蛇纹石矿硫酸搅拌浸出的研究 [J]. 矿业快报，2008 (1)：24～26.

[81] 张仪．某红土镍矿加温搅拌浸出试验研究 [J]. 湿法冶金，2009，28 (1)：32～33.

[82] 刘瑶，丛自范，王德全．对低品位镍红土矿常压浸出的初步探讨 [J]. 有色矿冶，2007，23 (5)：28～30.

[83] 周晓文，张建春，罗仙平．从红土镍矿中提取镍的技术研究现状及展望 [J]. 四川有色金属，2008 (1)：38～41.

[84] Chander S，Sharma V N. Reduction roasting/ammonia leaching of nickeliferous laterites [J]. Hydrometallurgy，1981，7 (4)：315～327.

[85] 刘大星．从镍红土矿中回收镍、钴技术的进展 [J]. 有色金属（冶炼部分），2002，(3)：6～10.

[86] 陈家镛，杨守志，柯家骏．湿法冶金的研究与发展 [M]. 北京：冶金工业出版社，1998：18～34.

[87] 中南矿冶学院冶金研究室．氯化冶金 [M]. 北京：冶金工业出版社，1978：93～98.

[88] 李淑梅．氯化湿法冶金研究进展 [J]. 有色矿冶，2010，26 (3)：34～37.

[89] Utkna L N，Kunin T I，Shutov A A. Solubility of cuprous chloride in sodium chloride soluteion

[J]. izv, Vyssh. Ucheb Zaved Khim. Tekhnol', 1969, 12: 706~708.

[90] Ahrland S, Rawsthorne J, Haaland A, et al. The stability of metal halide complexes in aqueous solution. Ⅶ. The chloride complexes of copper (Ⅰ) [J]. Acta Chemica Scandinavica, 1970, 24 (24): 157~172.

[91] Strahm U, Patel R C, Matijevic E. ChemInform abstract: Thermodynamics and kinetics of aqueous iron (iii) chloride complexes formation [J]. Chemischer Informationsdienst, 1979, 10 (40): 1689~1695.

[92] Jansz J J C. Estimation of ionic activities in chloride systems at ambient and elevated temperatures [J]. Hydrometallurgy, 1983, 11 (1): 13~31.

[93] Jansz J J C. Calculation of ionic activities and distribution data for chlorocomplexes [R]. The Annual Meeting TMS, Warrendale, 1984: 1~22.

[94] Senanayake G, Muir D M. Speciation and reduction potentials of metal ions in concentrated chloride and sulfate solutions relevant to processing base metal sulfides [J]. Metallurgical and Materials Transactions B, 1988, 19 (1): 37~45.

[95] Dutrizac J E. The leaching of sulphide minerals in chloride media [J]. Hydrometallurgy, 1992, 29 (1): 1~45.

[96] Muir D M. Basic principles of chloride hydrometallurgy [M]. 2 版. Montreal, Canada: CIM, 2002: 759~791.

[97] Puvvada G V K, Sridhar R, Lakshmanan V I. Chloride metallurgy: PGM recovery and titanium dioxide production [J]. JOM, 2003, 55 (8): 38~41.

[98] 李志生. 我国有色金属火法氯化冶金现状与展望 [J]. 有色矿冶, 1988 (1): 36~42, 5.

[99] 陈正奎. 氯化法在冶金分离富集工艺中的应用进展及展望 [J]. 湖南有色金属, 2014, 30 (6): 29~33.

[100] Kanari N, Gaballah I, Allain E. A low temperature chlorination-volatilization process for the treatment of chalcopyrite concentrates [J]. Thermochimica Acta, 2001, 373 (1): 75~93.

[101] 宋兴诚. 锡冶金 [M]. 北京: 冶金工业出版社, 2011: 137~139, 158~160.

[102] 云锡公司第三冶炼厂. 锡中矿回转窑高温氯化 [J]. 有色金属 (冶炼部分), 1974 (10): 18~25.

[103] Mattenberger H, Fraissler G, Brunner T, et al. Sewage sludge ash to phosphorus fertiliser: Variables influencing heavy metal removal during thermochemical treatment [J]. Waste Manag, 2008, 28 (12): 2709~2722.

[104] 颜慧成, 刘时杰. 氯化氢氯化焙烧分离贵贱金属 [J]. 贵金属, 1995 (1): 1~6.

[105] Bayer G, Wiedemann H G. Thermal analysis of chalcopyrite roasting reactions [J]. Thermochimica Acta, 1992, 198 (2): 303~312.

[106] Dahlstedt A, Seetharaman S, Jacob K T. Thermodynamics of salt roasting of sulphide ores [J]. Scandinavian Journal of Metallurgy, 1992, 21 (6): 242~245.

[107] 王成彦. 元江贫氧化镍矿的氯化离析 [J]. 矿冶, 1997, 6 (3): 55~59, 65.

[108] 王成彦. 元江贫氧化镍矿氯化离析焙砂的氨浸 [J]. 有色金属 (冶炼部分), 2001, 1 (2): 12~14.

[109] 华一新, 谭春娥, 谢爱军, 等. 微波加热低品位氧化镍矿石的 $FeCl_3$ 氯化 [J]. 有色金属工程, 2000, 52 (1): 59~61.

[110] 符芳铭, 胡启阳, 李新海, 等. 氯化铵—氯化焙烧红土镍矿工艺及其热力学计算 [J]. 中南大学学报 (自然科学版), 2010, 41 (6): 2096~2102.

[111] 张琏鑫. 红土镍矿氯化离析过程研究 [D]. 长沙: 中南大学, 2011.

[112] 刘婉蓉. 低品位红土镍矿氯化离析—磁选工艺研究 [D]. 长沙: 中南大学, 2010.

[113] 杨清荣, 张桂芳, 严鹏. 高镁型硅酸镍矿离析提镍试验研究 [J]. 昆明冶金高等专科学校学报, 2015, 31 (3): 4~9.

[114] 王虹, 邓海波, 路秀峰. 重要有色金属资源——红土镍矿的现状与开发 [J]. 甘肃冶金, 2009, 31 (1): 20~24.

[115] Zhou Shiwei, Wei Yonggang, Li Bo, et al. Mineralogical characterization and design of a treatment process for Yunnan nickel laterite ore, China [J]. International Journal of Mineral Processing, 2017, 159: 51~59.

2 实验原料、流程及方法

2.1 矿石原料研究

实验所用低品位红土镍矿，其来源于不同地表深度的红土镍矿，经破碎干磨混合均匀后过筛进行实验研究，矿样处理流程图如图 2-1 所示。主要矿石粒度分布如图 2-2~图 2-4 所示。

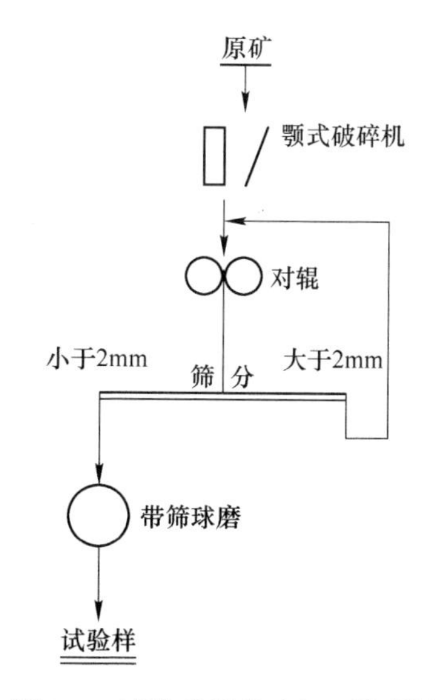

图 2-1 试验矿样破碎加工流程图

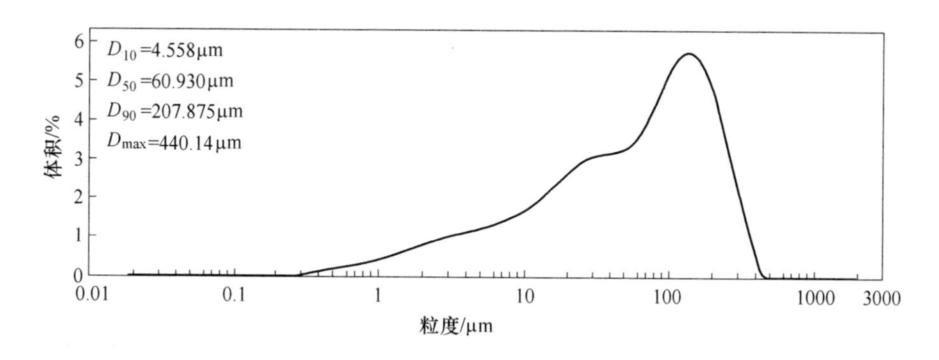

图 2-2 150μm（100 目）矿石粉料粒度分布图

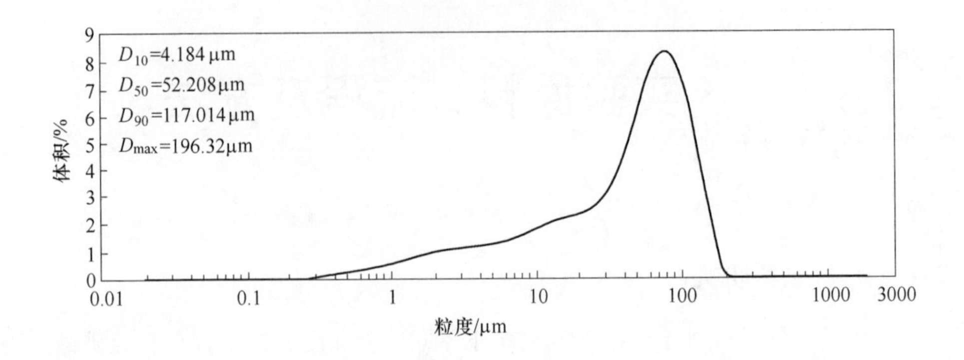

图 2-3　100μm（150 目）矿石粉料粒度分布图

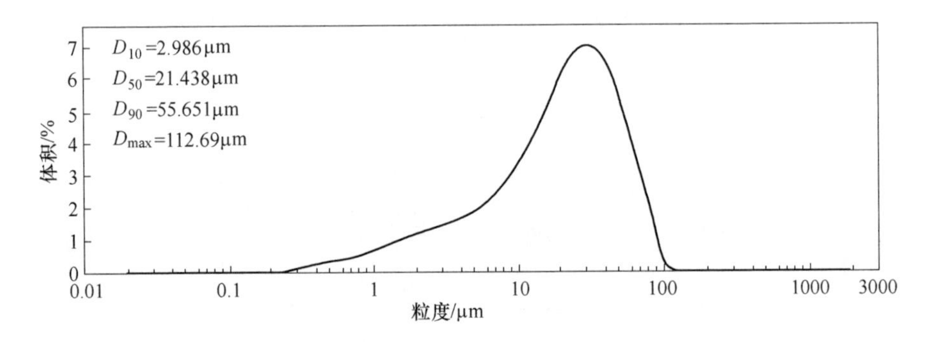

图 2-4　75μm（200 目）矿石粉料粒度分布图

矿石肉眼下多显黄褐色和红褐色，部分为黑褐色，结构为极为疏松的土状构造，但其中偶夹少量质地略为坚硬的灰黑色和灰白色岩石碎块。经显微镜下鉴定、X 射线衍射分析和扫描电镜分析综合研究表明，矿石中金属矿物以赤铁矿为主，次为磁铁矿、假象赤铁矿、褐铁矿和针铁矿，少量铬矿物，由于矿物中镍、钴含量较低，X 射线分析未能发现镍矿物、钴矿物和其他金属硫化物，矿石中磁铁矿常呈细粒星散浸染状嵌布在脉石中，部分呈不规则团块状、细脉状集合体产出，可交代铬矿物，少数已发生假象赤铁矿化；脉石矿物主要是蛇纹石和蒙脱石，其次为绿泥石，前者常呈叶片状、纤维状，集合体为不规则状，部分仍具橄榄石或斜方辉石的假象，矿石中蛇纹石和绿泥石均属含镍、钴的载体矿物，但含量总体低于各种铁矿物。经矿物的 X 衍射图（见图 2-5）分析，该红土镍矿中主要矿相有 Fe_2O_3、SiO_2、$Mg_3[Si_2O_5(OH)_4]$、Fe_3O_4、$FeO(OH)$ 等。对矿料进行了元素化学分析，结果列于表 2-1，镍和钴在矿石不同矿相中的分布见表 2-2 和表 2-3。

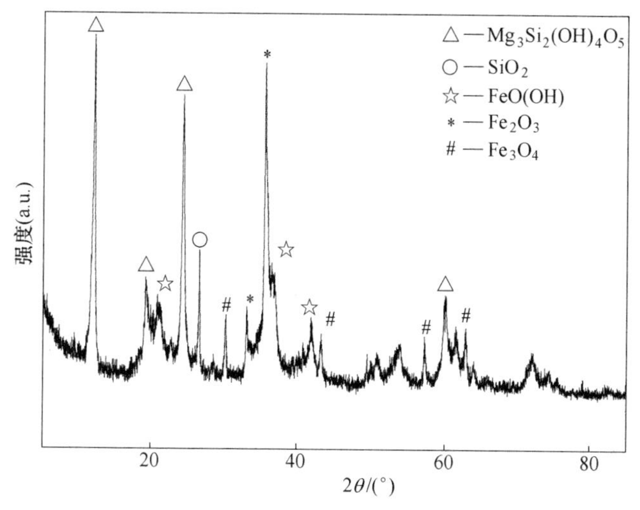

图 2-5 红土镍矿样品 X 射线衍射图谱

表 2-1 红土镍矿样品化学成分分析 (%)

元素	Ni	Co	Mn	Fe	Cu	Ca	Mg	Al
含量	0.87	0.06	0.25	14.46	0.01	0.005	29.35	0.34

表 2-2 矿石中镍的化学物相分析 (%)

镍 相	针铁矿中镍	褐铁矿中镍	硫化镍	硅酸盐中镍	合计
含 量	0.46	0.25	0.02	0.14	0.87
分布率	69.18	16.97	1.64	12.21	100.00

表 2-3 矿石中钴的化学物相分析 (%)

钴 相	针铁矿中钴	褐铁矿中钴	硫化钴	硅酸盐中钴	合计
含 量	0.0306	0.017	0.0081	0.0053	0.061
分布率	49.55	15.23	9.20	26.02	100.00

2.2 化学试剂

实验用化学试剂见表 2-4。

表 2-4 化学试剂

名 称	化学式	纯 度
盐酸	HCl	工业级

续表 2-4

名 称	化学式	纯 度
六水氯化镁	$MgCl_2 \cdot 6H_2O$	分析纯
氯化铵	NH_4Cl	分析纯
氯化钠	$NaCl$	分析纯
浓硝酸	HNO_3	分析纯
浓硫酸	H_2SO_4	分析纯
高氯酸	$HClO_4$	分析纯
氯化钙	$CaCl_2$	分析纯
氯化铁	$FeCl_3$	分析纯
重铬酸钾	$K_2Cr_2O_7$	分析纯
无水乙醇	CH_3CH_2OH	分析纯
无水乙酸钠	CH_3COONa	分析纯
冰乙酸	CH_3COOH	化学纯
二氯化锡	$SnCl_2$	分析纯
二甲酚橙	$C_{31}H_{28}N_2Na_4O_{13}S$	分析纯
二氯化汞	Hg_2Cl_2	分析纯
氨水	$NH_3 \cdot H_2O$	分析纯
二苯胺磺酸钠	$C_{12}H_{10}NNaO_3S$	分析纯

2.3 实验设备

实验设备见表 2-5。

表 2-5 实验所用仪器

仪 器	型号	规格	厂 家
定时电动搅拌器	DJ-1	200~4000r/min	江苏大地自动化仪器厂
磁力搅拌器	DF-101S	300~3000r/min	上海精密科学仪器有限公司
马弗炉	RJM-2.8-10	220V, 2.8kW	沈阳市电炉厂
管式炉	GTO-3209	220V, 6kW	江苏宜兴电工厂
精密电子恒温水浴槽	HHS-11-4	单列 4 孔	上海金桥科析仪器厂
三口圆底烧瓶		1L	泰州博美玻璃仪器厂
蛇形回流管		40cm	泰州博美玻璃仪器厂

续表 2-5

仪　器	型号	规格	厂　　家
瓷坩埚		100mL	泰州博美玻璃仪器厂
电热恒温鼓风干燥箱	DHG-9076		上海精宏实验设备有限公司
电子万用炉	AC		天津泰斯特仪器有限公司
磁选管	SSC	0~3000Gs	河北唐山宏达矿山机械设备研究院
F 型原子吸收分光光度计	TAS-990		北京普析通用仪器有限责任公司

2.4 实验方法及流程

2.4.1 常压盐酸浸出低品位红土镍矿实验

在常压条件下以盐酸作为浸出剂浸出红土镍矿中的镍钴等有价金属。用天平称取 50g 矿样放置于 1L 三口圆底烧瓶中，用量筒量取盐酸溶液加入三口圆底烧瓶中。为防止液体在反应过程中因为蒸发而体积减小，在三口圆底烧瓶的一口装上长 40cm 的冷凝回流管，其他两个口在加料完成后用塞子和温度计密封。将三口圆底烧瓶置于带磁力搅拌的恒温水浴槽中进行搅拌浸出，实验装置如图 2-6 所示。在一定温度下浸出一段时间后，抽滤，用稀盐酸溶液反复清洗浸出渣 3 次。所有浸出液置于容量瓶中定容后，采用滴定或原子吸收方法测定浸出液中镍、钴、锰、铁、镁的含量，并计算浸出率。实验流程如图 2-7 所示。

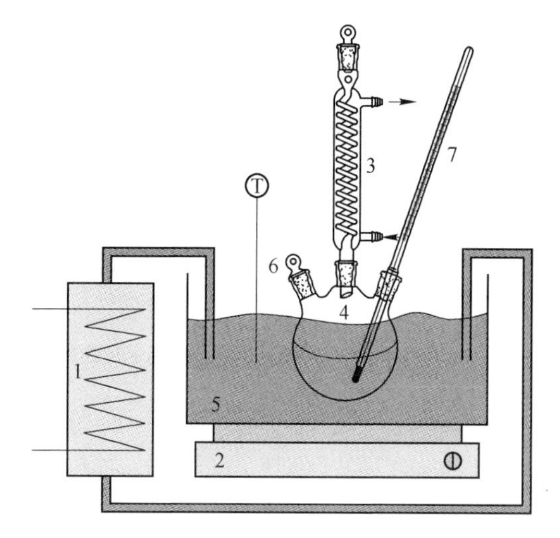

图 2-6　实验装置图

1—温度加热系统；2—磁力搅拌装置；3—冷凝装置；4—三口圆底烧瓶；5—水浴槽；6—加料孔；7—温度计

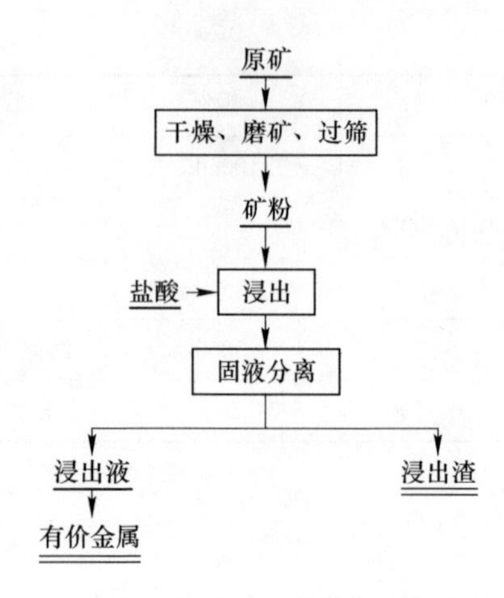

图 2-7　常压盐酸浸出红土镍矿工艺流程图

2.4.2　红土镍矿盐酸-氯化铵体系浸出工艺研究

盐酸-氯化铵溶液体系浸出红土镍矿的实验装置如图 2-6 所示，实验操作步骤如下：称取一定量的氯化铵，溶解到配制好的一定浓度的盐酸溶液中，加入到 250mL 的三口圆底烧瓶中，通过水浴加热，并开启冷却水，使挥发的氯化氢气体冷凝回流到烧瓶内，当温度达到设定值后加入矿样，在搅拌条件下浸出一定时间。反应完毕后，进行抽滤使固液分离，滤渣用热的去离子水反复清洗 3 次；滤液用一定容量的容量瓶进行定容，然后采用火焰原子吸收的方法测定溶液中镍、钴、锰，用滴定的方法测定浸出液中铁的含量。本部分实验主要考察氯化铵的用量、盐酸浓度、液固比、浸出时间和浸出温度对有价金属浸出率的影响，同时对有价金属采用氯盐浸出的机理进行研究，其工艺流程如图 2-8 所示。

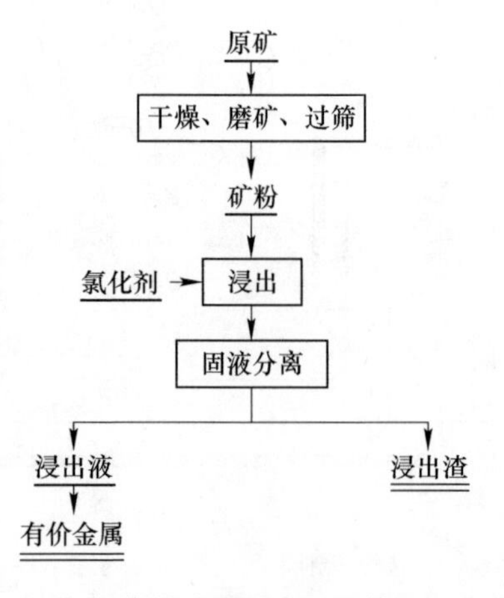

图 2-8　盐酸-氯化铵溶液浸出红土镍矿工艺流程图

2.4.3 氯化焙烧—水浸出低品位红土镍矿实验

2.4.3.1 低温氯化焙烧—水浸出低品位红土镍矿实验

实验将红土镍矿矿料装入烧舟并放入到管式炉内，开始升温，当温度升至预定反应温度时，采用浓硫酸滴加氯化钠制备氯化氢的方法，将氯化氢气体通入管式炉内进行氯化焙烧，停止通入氯化氢后，通入氩气保护并开始冷却，将冷却后的矿料取出并用 pH 值为 1 左右的酸化水 80℃下浸出 30min，采用滴定和原子吸收的方法测定溶液中金属离子的浓度。考察温度、时间、粒度、气体流量等对镍、钴以及铁等金属浸出率和镍钴与铁的分离的影响，并通过通入一定量水蒸气，考察不同氯化氢气体与水蒸气分压对镍钴与铁分离的影响。实验装置如图 2-9所示，实验流程如图 2-10 所示。

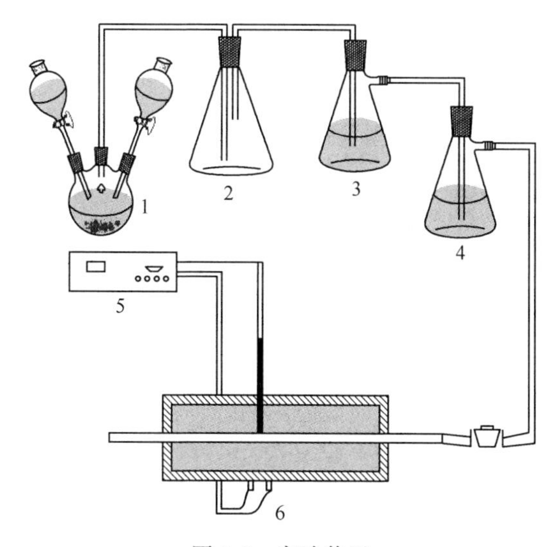

图 2-9 实验装置

1—氯化氢发生器；2—缓冲瓶；3—干燥瓶（1）；4—干燥瓶（2）；5—流量计；6—管式炉

2.4.3.2 中温氯盐焙烧—水浸出低品位红土镍矿实验

分别称取一定量的氯化剂（氯化钠、氯化镁、氯化钙和氯化铵）和矿料 8g 置于研钵内磨匀，接着将其放入瓷坩埚中，盖上瓷坩埚盖。然后将瓷坩埚放入马弗炉中在一定温度下焙烧。最后，将焙砂取出放入 250mL 烧杯中，加入 pH 值约为 1 的酸化水在 80℃下浸出 30min 后，经过滤定容后用使用滴定和原子吸收方法测定浸出液中镍、钴、锰、铁、镁等金属离子的含量。实验流程如图 2-11 所示。

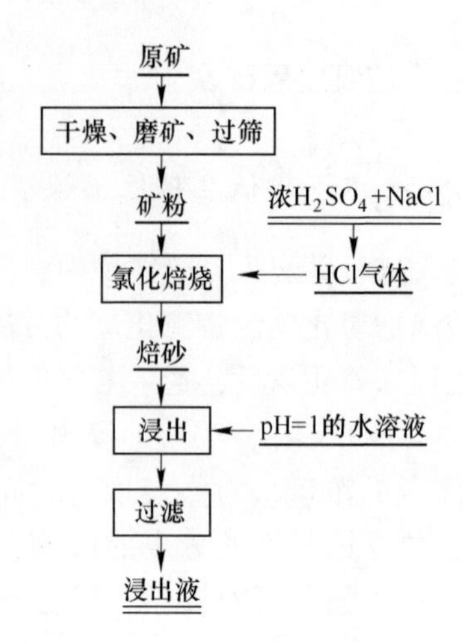

图 2-10 低温氯化氢焙烧—水浸出低品位红土镍矿工艺流程图

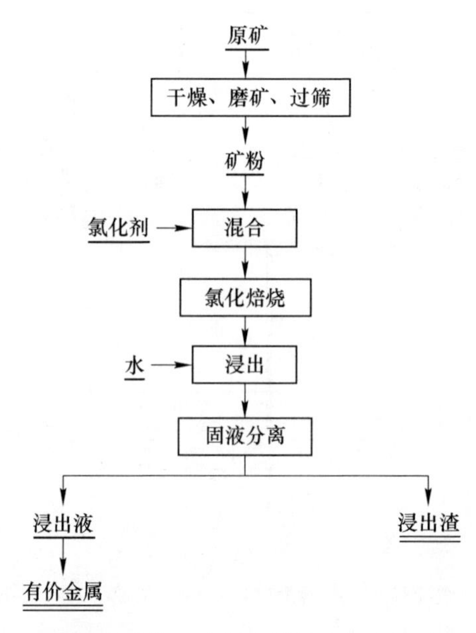

图 2-11 中温氯盐焙烧—水浸出低品位红土镍矿工艺流程图

2.4.4 氯化离析—磁选低品位红土镍矿实验

针对原矿中硅酸盐含量较高，结合中温氯盐焙烧实验结果，采用氯化离析—磁选的方法富集红土镍矿中镍等有价金属，考察氯化剂种类、氯化剂用量、还原剂种类、还原剂用量、还原剂粒度、氯化离析温度、氯化离析时间、磁场强度等因素对镍品位及收率的影响。实验步骤如下，实验流程如图 2-12 所示。

（1）原料准备。将原矿破碎烘干后，反复磨细，分别过 150μm（100 目）、

100μm(150 目)、74μm(200 目)、48μm(300 目) 筛。

(2) 混料、团球。在氯化离析阶段采用球团法，其主要步骤是：将烘干磨细的红土镍矿、氯化剂、还原剂充分混合并添加少量的水造球，球团直径为15~20mm。

(3) 氯化离析。将球团放入盛有无烟煤的坩埚，并用无烟煤覆盖后放入马弗炉，并在设定的温度及时间下进行氯化离析后迅速取出后投入冷水中冷却。

(4) 焙砂的处理。将氯化离析后的焙砂用研磨磨细过 74μm(200 目) 筛，反复多次直至磨后的焙砂颗粒为小于 74μm 的占 90%以上。称取一定量的焙烧料置入烧杯，加水调浆后用设定磁场强度进行磁选分离，得到镍钴富集产物。将精矿烘干取样，进行化学分析。

(5) 取样分析。取烘干后的精矿 0.1g 至于聚四氟乙烯烧杯中，依次加入王水、氢氟酸、高氯酸加热溶解，反复两次；将溶解后的样冷却、稀释、定容后用原子吸收分光光度计进行分析。

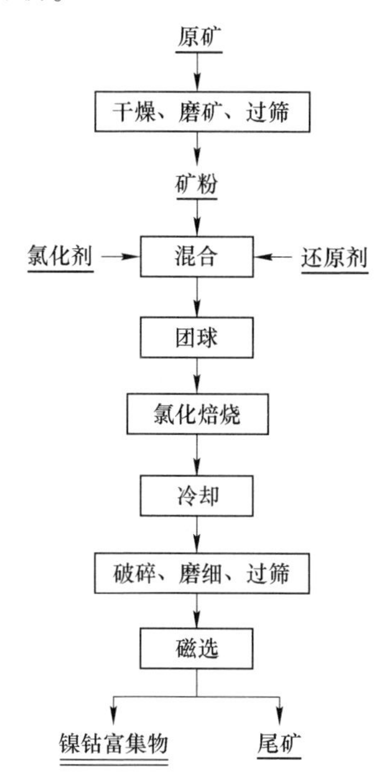

图 2-12　氯化离析—磁选红土镍矿工艺流程图

2.4.5　矿相重构对红土镍矿镍钴浸出行为的影响实验研究

外场的作用可以使矿石中的某些矿相发生改变而产生新的矿相，从而改变了矿物中某些金属元素的赋存状态，并且导致其在冶金过程中的行为发生改变。活化焙烧是一种可以改变矿物结构的方法，广泛应用于矿物的前处理过程，通过焙烧可以使红土镍矿中的针铁矿相、羟基硅酸镁和蛇纹石等发生晶型转变而形成三氧化二铁和无定型态的硅酸镁，同时，由于矿相中原有的自由水和键合水被分解掉，以及部分矿相的晶型改变导致矿物原有结构的崩塌，比表面积和孔隙增加，有利于后续的浸出过程。本书中针对所用矿物采用活化焙烧使得矿石矿相发生改变，考察矿相重构对盐酸浸出、氯化焙烧以及氯化离析磁选实验中镍、钴、铁等金属元素提取行为的影响。活化焙烧实验在管式炉中进行（见图 2-13），将盛有物料的烧舟放入管式炉的焙烧区，开始升温，并通入 Ar 气保护，升至预定温度后焙烧 1h 后开始冷却，至室温后停止通入保护气，取出物料进行盐酸常压浸出、氯化焙烧、氯化离析等实验。实验流程如图 2-14 所示。

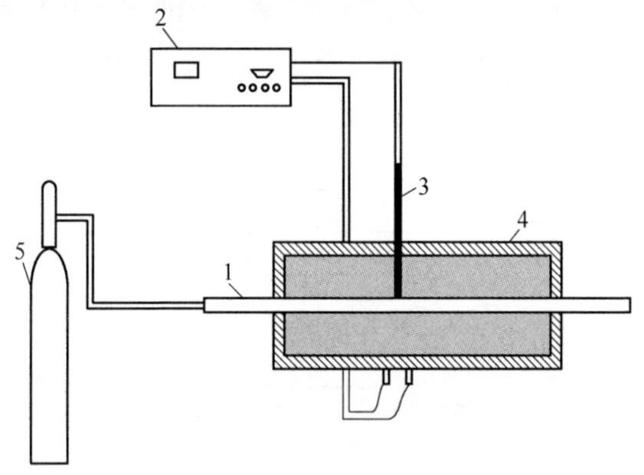

图 2-13　实验装置

1—刚玉管；2—温度控制器；3—热电偶；
4—电加热炉；5—气瓶

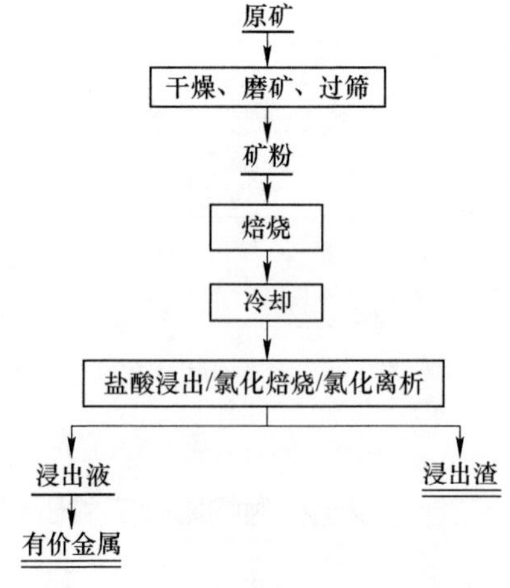

图 2-14　矿相重构冶金工艺流程图

2.5　分析及检测

溶液中金属离子浓度采用化学分析滴定的方法，低浓度采用原子吸收的方法进行测定，金属元素浸出率的计算公式如式（2-1）所示。

$$\eta = \frac{w_0 - w}{w_0} \times 100\% \tag{2-1}$$

式中　w——浸出渣中金属的质量,%;

w_0——原矿中金属的质量,%;

η——浸出率,%。

考察不同时间条件下浸出率公式如式（2-2）所示：

$$X_{M,i} = \frac{\left(V - \sum_{i=1}^{i-1} V_i\right) c_{M,i} + \sum_{i=1}^{i-1} V_i c_{M,i}}{m(c_M/100)} \tag{2-2}$$

式中　$X_{M,i}$——不同时间取出样品 i 中的金属 M（镍、钴、锰、铁、镁等）的浸出率；

V——初始溶液体积；

V_i——每次取样体积；

$c_{M,i}$——M 在样品 i 中的浓度；

m——初始加入反应器中矿料的质量；

c_M——金属 M 在矿料中的含量。

氯化离析磁选后镍、钴精矿产率及回收率计算公式如式（2-3）和式（2-4）所示。

$$\text{镍(钴)精矿产率} = \frac{\text{精矿镍(钴)质量}}{\text{原矿(离析)质量}} \times 100\% \tag{2-3}$$

$$\text{精矿镍(钴)回收率} = \text{精矿产率} \times \frac{\text{精矿镍(钴)品位}}{\text{原矿镍(钴)品位}} \times 100\% \tag{2-4}$$

2.5.1　元素分析

实验所有元素分析方法均采用国标方法或行业内通用方法[1]。

2.5.1.1　铁的分析

采用重铬酸钾氧化—还原容量滴定法测定溶液中总铁和亚铁含量，具体分析步骤如下：

（1）全铁的分析。量取 1mL 试液于锥形瓶中，加入浓 HCl 10mL，煮沸并趁热滴加 $SnCl_2$溶液至 $FeCl_6^{3-}$ 黄色恰好褪掉（即 Fe^{3+}全部还原成 Fe^{2+}），再过量 1～

2 滴，冷却，加入 $HgCl_2$ 溶液 10mL，放置片刻至 Hg_2Cl_2 白色沉淀出现，补加蒸馏水使得溶液体积达到 100mL，依次加入 20mL 硫磷混合酸和二苯胺磺酸钠指示剂 4~5 滴，用 $K_2Cr_2O_7$ 标准溶液滴定至溶液颜色由绿色（Cr^{3+} 离子的颜色）变成红紫色即为终点。由式（2-5）进行计算全铁含量 T_{Fe}(g/L)：

$$T_{Fe} = \frac{TV_1}{V_{液}} \tag{2-5}$$

式中　T ——$K_2Cr_2O_7$ 标准溶液对铁的滴定度，mg/mL；

V_1——滴定铁所消耗的 $K_2Cr_2O_7$ 标准溶液体积，mL；

$V_{液}$——取样体积，mL。

（2）亚铁的分析。量取 1mL 试液于锥形瓶中，加入蒸馏水使得溶液体积达到 100mL，加入硫磷混合酸 20mL 和二苯胺磺酸钠指示剂 4~5 滴，用 $K_2Cr_2O_7$ 标准溶液滴定至溶液颜色由绿色变红紫色即为终点。由式（2−6）计算试液中 Fe^{2+} 的含量 C_{Fe}(g/L)：

$$C_{Fe} = \frac{TV_2}{V_{液}} \tag{2-6}$$

式中　T ——$K_2Cr_2O_7$ 标准溶液对铁的滴定度，mg/mL；

V_2——滴定亚铁所消耗的 $K_2Cr_2O_7$ 标准溶液体积，mL；

$V_{液}$——取样体积，mL。

2.5.1.2　Mg 的分析

量取 5mL 试液于锥形瓶中，加水定容至 250mL，吸取试液 100mL 两份。分别加入相同体积氧化镁标准溶液。调 pH≥12，加钙指示剂，用 EDTA 标准溶液滴定由暗红色至亮绿色为终点。此体积为氧化钙量，记作 V_1。另一份调 pH=10，加铬黑 T 指示剂，用 EDTA 标准溶液滴定由暗红色至亮绿色为终点。此体积为氧化钙与氧化镁含量，记作 V_2。随同试验作空白试剂检验，记作 V_0。按式（2-7）计算：

$$w_{MgO}(\%) = \frac{0.0100(V_2 - V_1 - V_0) \times 0.04032 \times 100}{5 \times \frac{100}{250}} \tag{2-7}$$

2.5.1.3　Ni、Co、Mn 的分析

溶液中的 Ni、Co、Mn 含量测定采用火焰原子吸收分光光度法。首先配制镍、钴、锰标准溶液，采用北京普析通用仪器有限公司所产的 6100C 型原子吸收分光光度计测定镍、钴、锰标准溶液的吸光度并绘制标准曲线，再依据待测液中镍、钴、锰元素的吸光度，由镍、钴、锰吸光度标准曲线计算出试液中镍、钴、锰含量。

2.5.1.4　Cl 的分析

方法提要：以苯肼羰偶氮苯为指示剂，在微酸性溶液中以硝酸银为标准溶液滴定，终点颜色为紫色。

试剂配制与标定：10g/L 苯肼羰偶氮苯酒精溶液；0.1%溴酚蓝酒精溶液；氯化汞饱和溶液；1+1 硝酸溶液；0.1mol/L 硝酸银标准溶液：16.9880g 硝酸银固体溶液定容至 1000mL 溶液。

操作步骤：称取一定量样品（视含量而定），加 200mL 沸水，并在电炉上搅拌微沸 5min 左右，干过滤，取滤液 100mL 于 500mL 三角瓶中，加 0.1%溴酚蓝酒精溶液 2 滴，用 1+1 硝酸溶液滴至蓝色刚变黄色后过量 4 滴，加氯化汞饱和溶液 5mL，加 10g/L 苯肼羰偶氮苯酒精溶液 10 滴，用 0.1mol/L 硝酸银标准溶液滴至紫红色为终点，记下标准溶液消耗的毫升数 A_1。同条件做空白：取 100mL 水与样品同条件测定氯离子含量记下标准溶液的毫升数 A_2。

计算：

$$w_{Cl}(\%) = \frac{(A_1 - A_2) \times c \times 0.03546 \times 100}{G}$$

式中　A_1-A_2——样品消耗标准溶液的体积，mL；

c——硝酸银标准溶液的摩尔浓度，mol/L；

G——样品质量，g。

2.5.2　样品表征与检测

2.5.2.1　XRD 分析

X 射线衍射分析仪（X ray diffraction analysis，XRD）是按照晶体 X 射线衍射的几何原理设计和制造的衍射实验仪器。在检测过程中，由 X 射线管发射出 X 射线并照射试样产生衍射，用辐射探测器接收衍射线的 X 射线光子，经测量电路放大处理后在显示或纪录装置上给出精确的衍射线位置、强度和线形等衍射信息作为后续实际应用的原始数据。X 射线衍射分析仪的基本组成包括 X 射线发生器、衍射测角仪、辐射探测器、测量电路以及电子计算机系统，其被广泛用于物相分析以及点阵常数、宏观内应力、晶格畸变、晶体织构的测定。X 射线物相分析是基于任何一种结晶物质都具有特定的晶体结构，在一定波长的 X 射线照射下，每种晶体物质都会产生自己特定的衍射花样（衍射线位置和强度）。进行定性物相分析时，采用晶面间距 d 表征衍射线位置，I 代表衍射线相对强度，将所得的试样 d-I 数据组与已知物质的标准 d-I 数据组进行对比，从而鉴定出试样中存在的物相。

本书中采用日本 Rigaku 公司所产的 Rint-2000 型 X 射线衍射仪进行试样晶体结构表征。衍射条件为：Cu $K\alpha1$ 靶（λ = 0.154061nm），石墨单色器滤波片，管电流 100mA，管电压 50kV，扫描速度 1°/min，起始扫描角度 2θ = 5°，终止扫描角 2θ = 80°。

2.5.2.2　SEM 分析

扫描电镜（scanning electron microscope，SEM）是介于透射电镜和光学显微镜之间的一种物体微观形貌观测仪器，可直接利用样品表面的物理性能进行微观成像，具有下述优点：（1）具有较高的放大倍数，20～20 万倍之间连续可调；（2）景深大，视野广，成像富有立体感，可直接观察试样凹凸不平表面的细微结构；（3）试样制备简单。目前的扫描电镜都配有 X 射线能谱仪装置，可同时进行微观组织形貌观测和微区成分分析。扫描电镜的原理是利用聚焦高能电子束在试样表面扫描，激发出各种物理信息，对此物理信息进行接受、放大和显示成像，即可获得试样表面微观组织结构信息。扫描电镜分析仪主要包括电子光学系统、真空系统、电器系统和信号检测系统四部分，而电子光学系统是由电子枪、电磁透镜、扫描线圈和样品室组成。

本书中采用日本 JEOF 公司所产 JSM-5612LV 型扫描电子显微镜对原矿、浸出渣、焙烧料等产物的微观形貌和粒径进行表征。

2.5.2.3　TG-DTA 分析

差热分析（differential thermal analysis，DTA）主要用以考察各种温度下被测物质与参比物（一种在测量温度范围内不发生任何热效应的物质）之间的温度差。许多物质在加热或冷却过程中会发生熔化、凝固、晶型转变、分解、化合、吸附、脱附等物理化学变化，这些变化必将伴随体系焓的改变，因而产生热效应，主要表现为该物质与外界环境之间存在温度差。选择一种热稳定物质作为参比物，将其与样品一起置于电炉并按一定温度机制升温，分别记录参比物温度以及样品与参比物之间的温度差，以温差对温度作图就可以得到一条差热分析曲线。依据所得差热分析曲线，即可判断在各种温度下被测物质所发生的吸热或放热反应。

热重分析（thermogravimetry analysis，TGA）所用仪器为热天平，将样品质量变化所引起的天平位移量转化成电磁量，经放大器放大后，送往记录仪进行记录和输出。电磁量大小正比于样品的质量变化值。当被测物质在加热过程中发生升华、汽化、分解出气体或失去结晶水时，被测物质的质量就会发生改变。通过热重分析曲线，就可判断被测物质在何种温度下发生物理化学变化，并根据质量变化值判断反应的类型和具体路径。

本书中采用美国TA仪器公司所产的SDT Q600型差热分析仪对原矿和氯化剂的热分解行为进行表征。

2.5.2.4 FTIR分析

红外光谱（infrared spectra），以波长或波数为横坐标，以强度或其他随波长变化的性质为纵坐标所得到的反映红外射线与物质相互作用的谱图。按红外射线的波长范围，可粗略地分为近红外光谱（波段为0.8~2.5μm）、中红外光谱（2.5~25μm）和远红外光谱（25~1000μm）。对物质自发发射或受激发射的红外射线进行分光，可得到红外发射光谱。物质的红外发射光谱主要决定于物质的温度和化学组成；对被物质所吸收的红外射线进行分光，可得到红外吸收光谱。每种分子都有由其组成和结构决定的独有的红外吸收光谱，它是一种分子光谱。分子的红外吸收光谱属于带状光谱。红外光谱检测采用Nicolet NEXUS 670型红外光谱仪对矿物及其焙烧料进行表征。

2.5.2.5 EDS分析

EDS是一种高灵敏超微量表面分析技术，可以分析除H和He以外的所有元素，可以直接测定来自样品单个能级光电发射电子的能量分布，且直接得到电子能级结构的信息，是一种无损分析。X射线光电子能谱定量分析的依据是光电子谱线的强度（光电子峰的面积）反映了原子的含量或相对浓度。在实际分析中，采用与标准样品相比较的方法来对元素进行定量分析，其分析精度达1%~2%。EDS检测采用美国伊达克斯有限公司所产X射线能谱仪对矿物进行检测。

2.5.2.6 其他分析检测

采用北京汇海宏纳米科技有限公司生产的3H-2000全自动氮吸附比表面积测试仪进行原矿及焙烧料比表面积测定。采用辽宁百特仪器公司产BT-9300s激光粒度仪进行粒度分析。

参考文献

[1] 北京冶矿研究总院测试研究所．有色冶金分析手册［M］．北京：冶金工业出版社，2004.

3 红土镍矿常压盐酸浸出工艺实验及机理研究

3.1 概述

与硫酸浸出体系相比，盐酸作为浸出剂，具有更高的浸出率和更快的浸出速率，剩余残酸更容易回收利用，并且盐酸浸出液也更易于采用高温水解除铁和溶剂萃取提取有价金属[1~3]。在矿物的浸出过程中，Cl^-既可作浸出剂，直接与矿物作用，使金属呈可溶性氯化物，也可作离子交换剂，与吸附态离子进行交换，将矿物中的吸附态离子置换到溶液中，同时它还可作配合剂，与浸出液中金属离子配合，以增加金属离子的溶解度[4~12]。近年来，随着耐盐酸腐蚀等材料的日益发展与广泛使用，盐酸作为浸出剂受到越来越多的关注。本章以盐酸作为浸出剂，在热力学计算的基础上，考察温度、初始酸浓度、时间、矿粒度等因素对浸出率的影响，并研究其反应动力学，以及常压盐酸浸出过程中红土镍矿中主要矿相的溶解机理及优先次序。

3.2 热力学计算及分析

3.2.1 热力学计算

红土镍矿样品中的镍、钴、锰等有价金属主要以铁酸盐和硅酸盐形式存在，同时有少量的镍、钴、锰以氧化物形式存在于铁酸盐矿相和硅酸盐矿相。根据图 2-5 及 2.1 节相关研究结果分析可知，盐酸浸出低品位红土镍矿可能发生的主要化学反应及反应吉布斯自由能与温度关系如下所示：

$$NiFe_2O_4(s) + 2H^+ \Longrightarrow Ni^{2+} + Fe_2O_3(s) + H_2O(l)$$
$$\Delta_r G^{\ominus} = -78662.035 + 93.9624T\ (J/mol) \tag{3-1}$$

$$CoFe_2O_4(s) + 2H^+ \Longrightarrow Co^{2+} + Fe_2O_3(s) + H_2O(l)$$
$$\Delta_r G^{\ominus} = -74801.73 + 95.894T\ (J/mol) \tag{3-2}$$

$$MnFe_2O_4(s) + 2H^{2+} \Longrightarrow Mn^{2+} + Fe_2O_3(s) + H_2O(l)$$
$$\Delta_r G^{\ominus} = -104414.379 + 62.21T\ (J/mol) \tag{3-3}$$

$$2NiO \cdot SiO_2(s) + 4H^+ \Longrightarrow 2Ni^{2+} + SiO_2(s) + 2H_2O(l)$$
$$\Delta_r G^{\ominus} = -183008.885 + 178.198T\ (J/mol) \tag{3-4}$$

$$2CoO \cdot SiO_2(s) + 4H^+ = 2Co^{2+} + SiO_2(s) + 2H_2O(l)$$
$$\Delta_r G^{\ominus} = -190329.485 + 196.258T(\text{J/mol}) \quad (3\text{-}5)$$

$$MnO \cdot SiO_2(s) + 2H^+ = Mn^{2+} + SiO_2(s) + H_2O(l)$$
$$\Delta_r G^{\ominus} = -96598.058 + 63.99T(\text{J/mol}) \quad (3\text{-}6)$$

$$2MnO \cdot SiO_2(s) + 4H^+ = 2Mn^{2+} + SiO_2(s) + 2H_2O(l)$$
$$\Delta_r G^{\ominus} = -193125.859 + 106.73T(\text{J/mol}) \quad (3\text{-}7)$$

$$3MgO \cdot 2SiO_2 \cdot 2H_2O(s) + 6H^+ = 3Mg^{2+} + 2SiO_2(s) + 5H_2O(l)$$
$$\Delta_r G^{\ominus} = -279724.3 + 176.77T(\text{J/mol}) \quad (3\text{-}8)$$

$$NiO(s) + 2H^+ = Ni^{2+} + H_2O(l)$$
$$\Delta_r G^{\ominus} = -98846.667 + 92.266T(\text{J/mol}) \quad (3\text{-}9)$$

$$CoO(s) + 2H^+ = Co^{2+} + H_2O(l)$$
$$\Delta_r G^{\ominus} = -105435.019 + 93.71T(\text{J/mol}) \quad (3\text{-}10)$$

$$MnO(s) + 2H^+ = Mn^{2+} + H_2O(l)$$
$$\Delta_r G^{\ominus} = -121201.886 + 63.02T(\text{J/mol}) \quad (3\text{-}11)$$

$$MnO_2(s) + 4H^+ = Mn^{4+} + 2H_2O(l)$$
$$\Delta_r G^{\ominus} = -282762.144 - 24.192T(\text{J/mol}) \quad (3\text{-}12)$$

$$FeO(OH)(s) + 3H^+ = Fe^{3+} + 2H_2O(l)$$
$$\Delta_r G^{\ominus} = -128024.299 + 157.55T(\text{J/mol}) \quad (3\text{-}13)$$

$$Fe_2O_3(s) + 6H^+ = 2Fe^{3+} + 3H_2O(l)$$
$$\Delta_r G^{\ominus} = -126978.096 + 499.212T(\text{J/mol}) \quad (3\text{-}14)$$

常压浸出过程中，在不同温度下，计算化学反应的吉布斯自由能 $\Delta G_T^{\ominus}$ 和温度 T 的关系的公式为：

$$\Delta_r G_T^{\ominus} = \sum(\nu_1 G_T^{\ominus})_{\text{生成物}} - \sum(\nu_2 G_T^{\ominus})_{\text{反应物}} \quad (3\text{-}15)$$

3.2.2 盐酸浸出低品位红土镍矿的主要化学反应 $\Delta_r G_T^{\ominus}$-T 图

根据热力学原理，绘制 $\Delta_r G_T^{\ominus}$-T 图通常包括以下几个步骤：

(1) 首先确定体系中可能发生的各类反应及每个反应的化学反应式。

(2) 再利用参加反应的各组分所存在形态的热力学数据计算该化学反应的反应吉布斯自由能 $\Delta_r G_T^{\ominus}$。

(3) 最后，把各个反应的计算结果表示在以 $\Delta_r G_T^{\ominus}$ 为纵坐标、以 T 为横坐标的图上，即得到所研究的体系在给定条件下的 $\Delta_r G_T^{\ominus}$-T 图。

由《兰氏化学手册》[13]、《实用无机物热力学数据手册》[14]和《矿物及有关化合物热力学数据手册》[15]提供的有关热力学数据，用上述方法求出 3.2.1 节中的反应的 $\Delta_r G_T^{\ominus}$-T 关系式，并绘图，如图 3-1～图 3-3 所示。

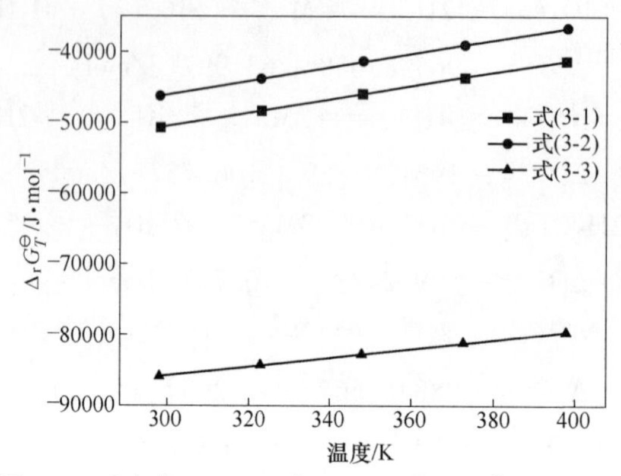

图 3-1　反应式（3-1）～式（3-3）的 $\Delta_r G_T^{\ominus}$-T 关系图

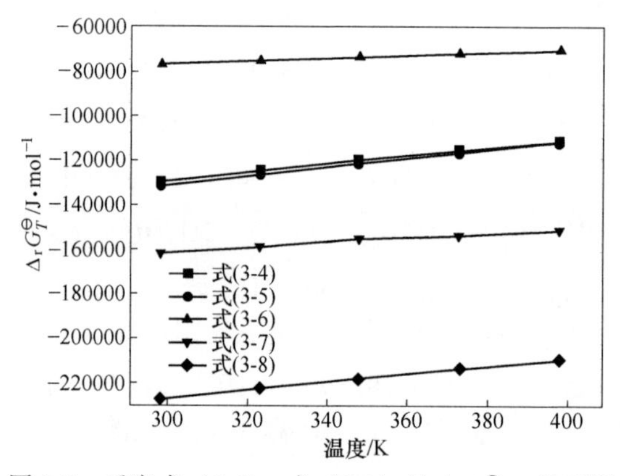

图 3-2　反应式（3-4）～式（3-8）的 $\Delta_r G_T^{\ominus}$-T 关系图

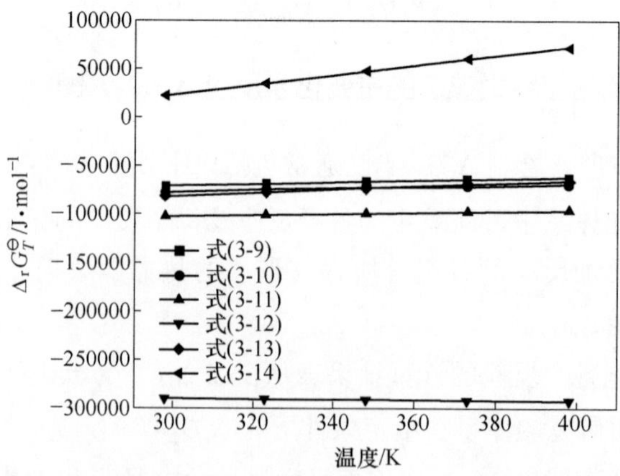

图 3-3　反应式（3-9）～式（3-14）的 $\Delta_r G_T^{\ominus}$-T 关系图

由图 3-1～图 3-3 可以看出，反应式（3-1）～式（3-13）在所研究的温度范围之内 $\Delta_r G_T^{\ominus}$ 均小于 0，所以反应均可以发生，而反应式（3-14）在所研究的温度范围内 $\Delta_r G_T^{\ominus} > 0$，所以不可能发生。由图 3-1 可知，在所研究的浸出温度范围内反应式（3-1）～式（3-3）中 $\Delta_r G_T^{\ominus} < 0$，并且随着温度的提高而提高。根据计算结果可知，镍、钴、锰铁酸盐的浸出反应进行的趋势为：$MnFe_2O_4 > NiFe_2O_4 > CoFe_2O_4$。

由图 3-2 可知，在所研究的温度范围内，随着温度的提高，反应式（3-4）～式（3-8）的 $\Delta_r G_T^{\ominus}$ 均随着温度的提高而提高，其中反应式（3-4）～式（3-7）的 $\Delta_r G_T^{\ominus}$ 增加不明显，反应式（3-8）的 $\Delta_r G_T^{\ominus}$ 增加较大。由图分析结果可知，相同温度下镍、钴、锰、镁的硅酸盐浸出反应进行的趋势为：$3MgO \cdot 2SiO_2 \cdot 2H_2O > 2MnO \cdot SiO_2 > 2NiO \cdot SiO_2 > 2CoO \cdot SiO_2 > MnO \cdot SiO_2$。

由图 3-3 可知，在所研究的温度范围内，反应式（3-9）～式（3-13）中 $\Delta_r G_T^{\ominus} < 0$，并且其 $\Delta_r G_T^{\ominus}$ 随着温度的提高均无明显变化，而反应式（3-14）中 $\Delta_r G_T^{\ominus} > 0$，且 $\Delta_r G_T^{\ominus}$ 随着温度的提高而提高。镍、钴、锰、铁的氧化物浸出反应进行的趋势为：$MnO_2 > MnO > FeO(OH) > CoO > NiO > Fe_2O_3$。

3.2.3 红土镍矿中金属-H_2O 体系 E-pH 图

湿法冶金是在水溶液中分离提取金属，因此它与物质在水溶液中的稳定性密切相关，而此稳定性与溶液中的电势、组分活度（或浓度）、温度和压力有关。现代湿法冶金理论广泛应用 E-pH 图分析湿法冶金过程的热力学条件。E-pH 图是把水溶液中的基本反应作为电势、pH 值、活度的函数，在指定的温度和压力条件下，将电势与 pH 值的关系表示在图上，用来表明反应自动进行的条件，指明物质在水溶液中稳定存在的区域和范围，为湿法冶金的浸出、净化、电积等过程提供热力学数据[13,14]。红土镍矿中所含主要金属成分主要为镍、钴、铁等，这里分别作金属镍、钴、铁的 E-pH 图，由此判断盐酸浸出后镍、钴、铁等在溶液中的稳定存在形态。

3.2.3.1 Ni-H_2O 体系 E-pH 图

Ni-H_2O 体系中考虑的物质主要有 Ni、Ni^{2+}、NiO、Ni_3O_4、Ni_2O_3。表 3-1 所列为 298K 时 Ni-H_2O 系中的主要反应及其平衡电势方程式。取 a_{Ni}^{2+} 活度为 1，据此作出的 E-pH 图，如图 3-4 所示。

由图 3-4 可以看出，金属镍在酸性条件下不稳定，当电位高于 -0.250V 时即转变为 Ni^{2+}。当 pH<6.233 时 NiO 在水溶液中转变为 Ni^{2+}。镍在水溶液中主要以 Ni^{2+}、NiO 及 Ni_3O_4 形态存在。

表 3-1　$Ni-H_2O$ 体系主要的反应及其平衡线方程式（298K）

反应方程式	平衡电势方程式
$Ni^{2+}+2e = Ni$	$E=-0.250+0.0295\lg a_{Ni}^{2+}$
$NiO+2H^{+}+2e = Ni+H_2O$	$E=0.116-0.0592pH$
$NiO+2H^{+} = Ni^{2+}+H_2O$	$pH=6.233+0.5\lg a_{Ni}^{2+}$
$Ni_3O_4+2H^{+}+2e = 3NiO+H_2O$	$E=0.876-0.0592pH$
$Ni_3O_4+8H^{+}+2e = 3Ni^{2+}+4H_2O$	$E=1.977-0.2364pH-0.0887\lg a_{Ni}^{2+}$
$Ni_2O_3+6H^{+}+2e = 2Ni^{2+}+3H_2O$	$E=1.753-0.1773pH-0.0591\lg a_{Ni}^{2+}$
$3Ni_2O_3+2H^{+}+2e = 2Ni_3O_4+H_2O$	$E=1.305-0.0591pH$
a：$2H^{+}+2e = H_2$	$E=-0.0591pH$
b：$O_2+4H^{+}+4e = H_2O$	$E=1.229-0.0591pH$

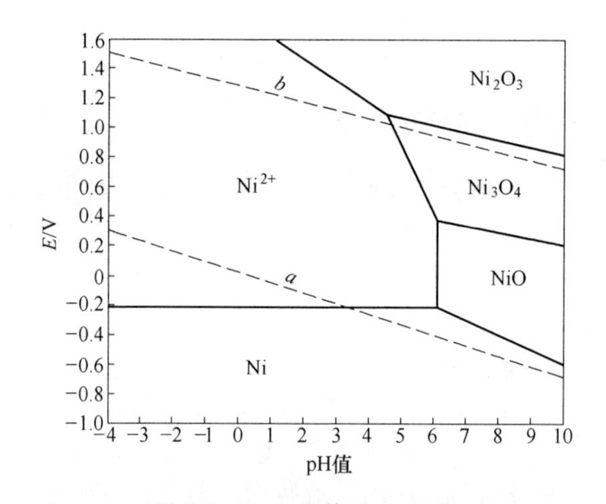

图 3-4　$Ni-H_2O$ 体系 E-pH 图

3.2.3.2　$Co-H_2O$ 体系 E-pH 图

$Co-H_2O$ 体系中考虑的物质主要有 Co、Co^{2+}、Co^{3+}、CoO、Co_3O_4。表 3-2 所列为 298K 时 $Co-H_2O$ 系中的主要反应及其平衡线方程式。取活度 a_{Co}^{2+} 为 1，据此作出的 E-pH 图，如图 3-5 所示。

从图 3-5 可以看出，$Co-H_2O$ 系 E-pH 图与 $Ni-H_2O$ 系 E-pH 图类似。金属 Co 在酸性条件下不稳定，溶解转变为 Co^{2+} 并放出氢气。CoO 在 pH = 7.51 时开始转变为 Co^{2+}。水溶液中钴主要以 Co^{2+}、CoO 以及 Co_3O_4 的形式存在。

表 3-2 $Co-H_2O$ 体系主要的反应及其平衡线方程式（298K）

反应方程式	平衡电势方程式
$Co^{2+}+2e = Co$	$E=-0.282+0.0295\lg a_{Co}^{2+}$
$CoO+2H^+ = Co^{2+}+H_2O$	$pH=7.510+0.5\lg a_{Co}^{2+}$
$CoO+2H^++2e = Co+H_2O$	$E=0.1667-0.059pH$
$Co_3O_4+2H^++2e = 3CoO+H_2O$	$E=0.5267-0.059pH$
$Co_3O_4+8H^++2e = 3Co^{2+}+4H_2O$	$E=1.304-0.236pH-0.296\lg a_{Co}^{2+}$
a：$2H^++2e = H_2$	$E=-0.0591pH$
b：$O_2+4H^++4e = H_2O$	$E=1.229-0.0591pH$

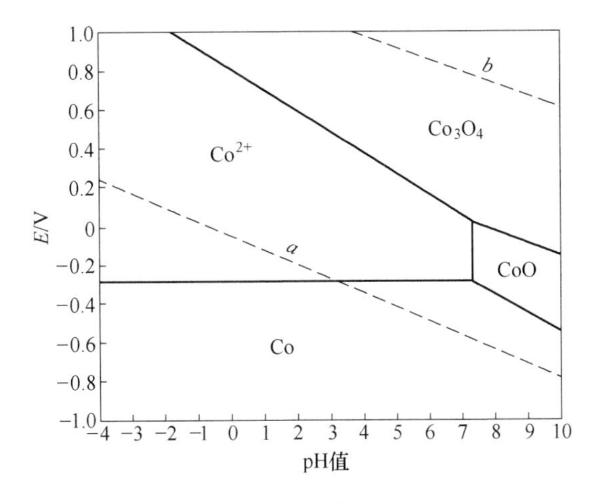

图 3-5 $Co-H_2O$ 体系 E-pH 图

3.2.3.3 $Fe-H_2O$ 体系 E-pH 图

$Fe-H_2O$ 系中主要考虑的物质有：Fe、Fe^{2+}、Fe^{3+}、FeOOH。$Fe-H_2O$ 系有关的反应及其平衡方程式见表 3-3。取 a_{Fe}^{2+}、a_{Fe}^{3+}为 1，据此作出的 E-pH 图，如图 3-6 所示。

表 3-3 $Fe-H_2O$ 体系主要的反应及其平衡线方程式（298K）

反应方程式	平衡电势方程式
$Fe^{2+}+2e = Fe$	$E=-0.4402+0.02958\lg a_{Fe}^{2+}$
$Fe^{3+}+e = Fe^{2+}$	$E=0.7708-0.0591\lg(a_{Fe}^{2+}/a_{Fe}^{3+})$
$FeOOH+3H^+ = Fe^{3+}+2H_2O$	$E=-0.3145-0.3333\lg a_{Fe}^{3+}$
$FeOOH+3H^++e = Fe^{2+}+2H_2O$	$E=0.7147-0.1773pH-0.059\lg a_{Fe}^{2+}$
$FeOOH+3H^++3e = Fe+2H_2O$	$E=-0.0552-0.059pH$
a：$2H^++2e = H_2$	$E=-0.0591pH$
b：$O_2+4H^++4e = H_2O$	$E=1.229-0.0591pH$

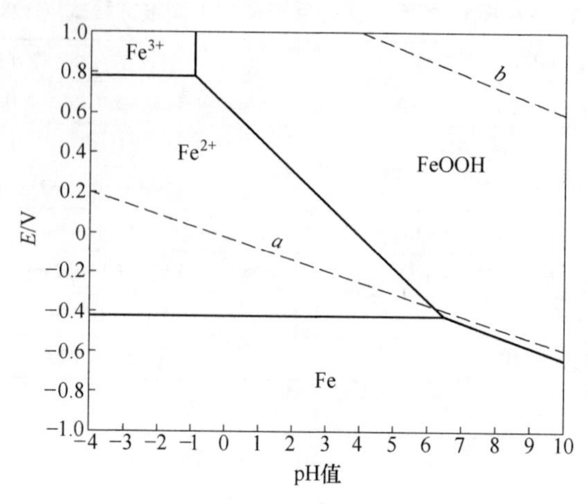

图 3-6　$Fe-H_2O$ 体系 E-pH 图

由图 3-6 可见，FeOOH 在碱性条件下是比较稳定的，只有当 pH < 6.51、E=−0.4402~0.7708V 时，才开始溶解，并转化为 Fe^{2+}。当氧化电位提高时，可转变为 Fe^{3+}。水溶液中铁主要以 Fe^{2+}、Fe^{3+}及 FeOOH 形态存在。

3.2.4　工艺条件范围确定

结合探索性试验[16]及上述热力学理论分析结果，确定红土镍矿盐酸浸出的主要工艺条件范围为：

（1）粒度。根据反应动力学原理，浸出反应的发生，是由于溶液中反应物分子与固体反应物相碰撞引起的，两者相碰的概率与固体比表面积及其浸出剂浓度成正比，因此，反应物初始细度越细，暴露于反应界面的反应物分子就越多，浸出率就越高。本实验中粒度选择为小于 0.15mm、小于 0.1mm、小于 0.074mm 和小于 0.05mm。

（2）初始酸浓度。与粒度类似，浸出过程浸出率和浸出速率取决于浸出剂与物料的有效接触，因此与盐酸的浓度密切相关，盐酸浓度越高，浸出效果越好。但是酸浓度过高，一方面挥发严重容易腐蚀设备和恶化操作环境，另一方面，浸出后剩余残酸过高，导致处理成本升高。本实验中初始酸浓度选定为 4mol/L、6mol/L、8mol/L 和 10mol/L。

（3）温度。浸出过程与浸出温度密切相关。尽管热力学分析表明升温不利于浸出反应进行，但是动力学实验结果表明，温度低浸出反应进行地较为缓慢。因此，综合考虑，考察浸出温度为 323K、333K、343K、353K 和 363K 对浸出率的影响。

（4）固液比。固液比太大，矿浆的黏度大，矿浆团聚程度严重，导致离子外扩散速度下降，不利于浸出剂与矿物表面有效接触，导致浸出率较低。通过预研实验得知，在一定的酸浓度下，固液比较小时，液体体积大，设备利用率低。本实验研究固液比是指浸出体系中固体质量与液体体积之比，实验中固液比范围确定 1∶3、1∶4、1∶5 和 1∶6。

（5）搅拌速度。为保证浸出过程中浸出剂与矿物原料的有效接触，加强传质过程，消除扩散对浸出的影响。考察搅拌速度为 200r/min、300r/min、400r/min 和 500r/min 对浸出的影响。

（6）反应时间。浸出时间越长可以保证矿料与浸出剂之间有效充分接触，浸出率越高，在保证一定浸出率的前提下，缩短浸出时间有利于提高生产率，因此浸出时间不宜过长。通过探索性实验，本实验考察浸出时间为 0.5h、1h、2h 和 3h 对金属浸出率的影响。

3.3　实验结果与讨论

3.3.1　矿料粒度对浸出率的影响

湿法浸出是液体和固体之间的多相反应过程，在其他条件相同的情况下，浸出速度与液体和固体接触的表面积成正比，减小矿粉的粒度可以增大液固两相的接触面积，降低内扩散阻力对提高扩散速度有利。但是，矿粉粒度过小，会使矿浆的黏度增大，降低外扩散速度，从而降低浸出速度，同时增加能耗并给固液分离增加困难。实验称取红土镍矿矿料 50g，初始酸浓度 8mol/L，固液比为 1∶4，搅拌速度 300r/min，浸出时间 2h，浸出温度 353K，考察矿料粒度对镍、钴、锰、铁、镁的影响，结果如图 3-7 所示。

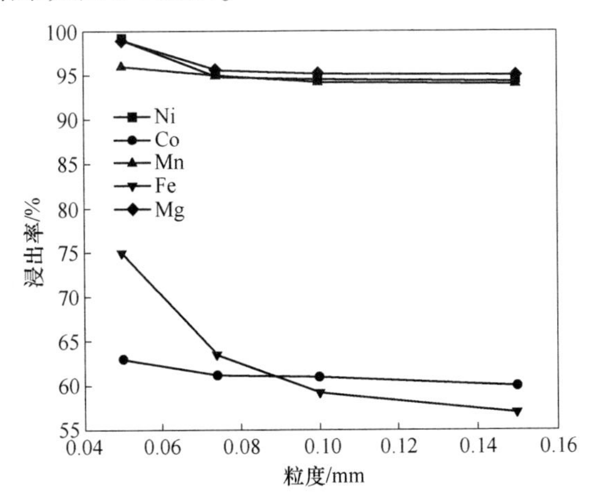

图 3-7　矿料粒度对 Ni、Co、Mn、Fe、Mg 浸出率的影响

由图 3-7 可以看出，随着矿粉的粒度不断增加，镍、钴、锰、铁、镁的浸出率也随之不断降低。根据反应动力学相关理论，浸出反应的发生，是由于溶液中反应物分子与固体反应剂相碰撞引起的，两者相碰的概率与固体比表面积成正比，因此，反应物初始粒度越细，浸出率就越高。当矿粉粒度分别为小于 0.15mm、小于 0.1mm、小于 0.074mm 时，镍、钴、锰、铁、镁的浸出率变化不大。尽管当矿粉粒度达到小于 0.05mm 时，镍、钴、锰、镁的浸出率提高不大，但是铁的浸出率有较大的提高。根据第 2 章矿物物相及成分分析可知，矿石中铁的物相以赤铁矿为主，但同时存在着其他铁的物相如磁赤铁矿、褐铁矿等，其是以微细包裹体、针状或细脉集合体嵌布在其他矿相中，磁赤铁矿粒度普遍小于 0.01mm，褐铁矿粒度也在 0.05~0.3mm 之间，因此，粒度磨至小于 0.05mm 时，暴露于反应界面的铁的物相就越多，铁的浸出相对其他金属元素有了较大提高。综合考虑磨矿成本及抑制铁的浸出，实验均采用粒度为小于 0.15mm 的矿粉。

3.3.2　初始酸浓度对浸出率的影响

在浸出过程中盐酸的作用有两个：一是浸出低品位红土镍矿中有价金属；二是用于维持溶液的 pH 值，防止镍、钴、锰、铁、镁的水解，同时又可以提供氯离子与金属离子络合，增大金属离子在溶液中的溶解度。因此，初始酸浓度的增加，可以增加低品位红土镍矿中金属元素的溶解浸出。实验称取红土镍矿矿料 50g，矿料粒度小于 0.15mm，固液比为 1∶4，搅拌速度 300r/min，浸出时间 2h，浸出温度 353K，考察初始酸浓度对镍、钴、锰、铁、镁的影响，结果如图 3-8 所示。

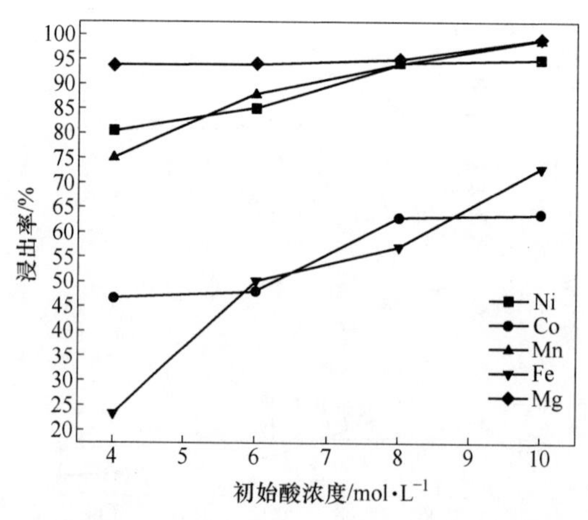

图 3-8　不同初始酸浓度对 Ni、Co、Mn、Fe、Mg 浸出率的影响

由图 3-8 可知，随着酸浓度的增加，镍、钴、锰、铁、镁的浸出率都得到了

提高，当酸浓度达到 10mol/L 时，镍、钴、锰、铁、镁的浸出率均达到最大值。酸浓度由 4mol/L 上升到 6mol/L 时，镍、钴、镁的浸出率增加不大，但是，锰、铁的浸出率有很大的提高。酸浓度由 8mol/L 上升到 10mol/L 时，镍、钴、锰、铁的浸出率有较大提高。虽然酸浓度为 10mol/L 时，镍、钴、锰的浸出率最高，但是其铁的浸出率也达到了 73%左右。这大大增加了浸出液后续净化过程中的处理量和净化成本。因此，综合考虑后续的浸出液净化以及回收残酸的成本，实验初始酸浓度以 8mol/L 为宜。

3.3.3 浸出温度对浸出率的影响

浸出温度对低品位红土镍矿的浸出有显著影响。随着浸出温度增加，溶液黏度下降，离子迁移速率加快，传质与化学反应速率加快；但是温度过高，盐酸挥发较为严重，导致操作环境恶化，设备腐蚀较大，并且耗费较多的能量，不利于经济有效地进行工业化生产。实验称取红土镍矿矿料 50g，矿料粒度小于 0.15mm，固液比为 1∶4，搅拌速度 300r/min，浸出时间 2h，初始酸浓度 8mol/L，考察浸出温度对镍、钴、锰、铁、镁的影响，结果如图 3-9 所示。

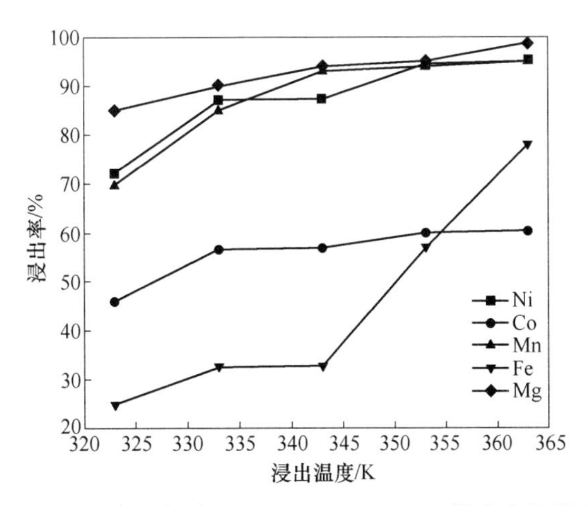

图 3-9 浸出温度对 Ni、Co、Mn、Fe、Mg 浸出率的影响

图 3-9 表明，随着浸出温度的增加，镍、钴、锰、铁、镁的浸出率都得到提高。在浸出温度为 323K 时，镍的浸出率仅为 70%左右。在浸出温度由 333K 上升到 343K 时，镍、钴、铁、镁的浸出率的变化都很小，锰的浸出率有较大提高。在浸出温度为 353K 时，镍的浸出率达到 94%以上，钴的浸出率为 60%左右，锰的浸出率为 94%左右，铁的浸出率不到 60%。继续增加温度，镍、钴、锰等浸出率增加不大，但是铁浸出率显著增加。由第 2 章矿石的矿物分析可知，矿相中铁的主要存在形态为赤铁矿型，从热力学计算式（3-14）、图 3-3 及图 3-6 可知，赤

铁矿在该温度下不能被浸出，能够在溶液中稳定存在，但由于在红土镍矿中相当数量的赤铁矿并不能以完整晶型存在，而是存在着被镍、钴、锰等有价金属取代了其晶格中某些铁位，导致其晶型发生膨胀、扭曲甚至改变，因而铁也会被大量的浸出。从热力学计算分析发现，尽管温度升高会导致几乎所有反应的 $\Delta_r G_T^{\ominus}$ 增加，不利于金属元素的浸出，但由于其 $\Delta_r G_T^{\ominus}$ 本身非常的负，因此温度的增加对 $\Delta_r G_T^{\ominus}$ 的影响并不如对其动力学影响显著。综合考虑，浸出温度为353K。

3.3.4　固液比对浸出率的影响

实验称取红土镍矿矿料 50g，矿料粒度小于 0.15mm，初始酸浓度 8mol/L，浸出温度为353K，搅拌速度 300r/min，浸出时间 2h，考察固液比对镍、钴、锰、铁、镁的影响，结果如图 3-10 所示。

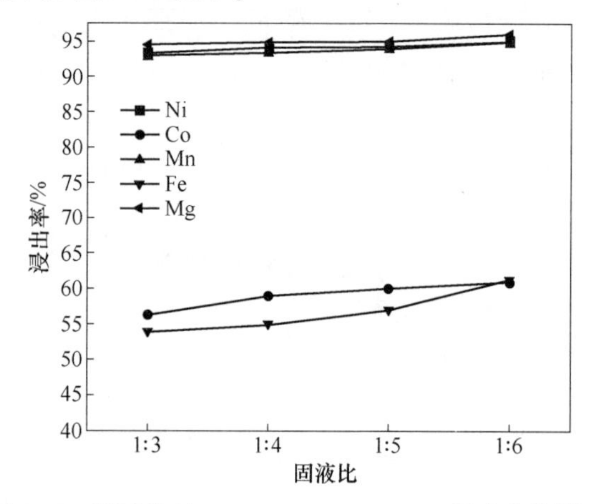

图 3-10　固液比对 Ni、Co、Mn、Fe、Mg 浸出率的影响

图 3-10 表明，随着固液比的增加，镍、钴、锰、铁、镁的浸出率都在上升，这是因为固液比的增加使酸的总量增加，因此在一定反应时间内浸出率有所增加。固液比为 1∶3 时，镍、钴、锰、铁、镁的浸出率最小。固液比由 1∶4 上升到 1∶6 时，镍、钴、锰、铁、镁的浸出率变化很小。尽管固液比由 1∶3 上升到 1∶4 时，镍、钴、锰的浸出率相差不大，但是固液比为 1∶5 和 1∶6 时，铁、镁的浸出率较大。为了更大程度地选择性提取有价金属，减少溶液体积，降低后续的浸出液净化的成本，实验采用固液比为 1∶4。

3.3.5　搅拌速度对浸出率的影响

浸出过程通常都要将矿浆进行搅拌，搅拌可以增加液固两相相对运动，可以减少固体颗粒表面液膜厚度，减少液膜两边的浓度差，提高生成物从矿石内部向溶液扩散的速度，也可以加快外扩散速度。高速搅拌能迅速将扩散层厚度减小到一定程度。但是即使搅拌很激烈也不可能将全部的扩散层去掉，这是因为液体在固体表面层的流动是与整个液体的运动有区别的，也就是说当整个液体已经处在相当剧烈的紊流时，固体表层附近的液体仍然可以处于层流状态。当搅拌速度达到一定值以后，即使进一步提高搅拌速度，也不能加速分子或离子的扩散速度，在此情况下，反应的进行不再受扩散条件限制，而是受到浸出反应进行的其他动力学因素所限制。

实验称取红土镍矿矿料 50g，矿料粒度小于 0.15mm，初始酸浓度 8mol/L，浸出温度为 353K，固液比为 1：4，浸出时间 2h，考察搅拌速度对镍、钴、锰、铁、镁的影响，结果如图 3-11 所示。

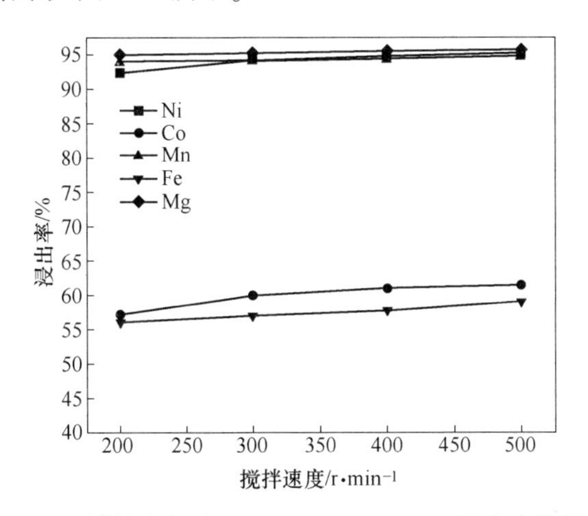

图 3-11 搅拌速度对 Ni、Co、Mn、Fe、Mg 浸出率的影响

由图 3-11 可知，随着搅拌速度的提高，镍、钴、铁的浸出率都得到了提高，但锰和镁的浸出率提高并不明显。根据第 2 章矿物分析研究可以知道，镍、钴主要存在于铁相中，由于搅拌速度的加快，减少了固体表面颗粒液膜层的厚度，液相与固相的有效接触面积增加，参加反应的反应物量增加，并且反应物与产物的传质加快，增加扩散传质系数，降低扩散控制的影响。因此，整个浸出过程速度相应加快。但是镍、钴、锰、铁、镁的浸出率总体提高的幅度并不大，这是因为红土镍矿矿石本身风化较为严重，比表面积较大，简单靠增加搅拌速度对其浸出影响有限。当搅拌速度为 200r/min 时，镍、钴浸出率较低。而当搅拌速度升到 300r/min 时，镍、钴浸出率有了一定提升，当提高到 500r/min 时，镍、钴的浸出率变化不明显。因此，实验采用搅拌速度为 300r/min。

3.3.6 浸出时间对浸出率的影响

浸出时间对浸出率有着较为显著的影响，为了确保传质过程及反应完全，必须保证一定的浸出时间。实验称取红土镍矿矿料 50g，矿料粒度小于 0.15mm，初始酸浓度 8mol/L，浸出温度为 353K，固液比为 1∶4，搅拌速度 300r/min，考察浸出时间对镍、钴、锰、铁、镁的影响，结果如图 3-12 和图 3-13 所示。

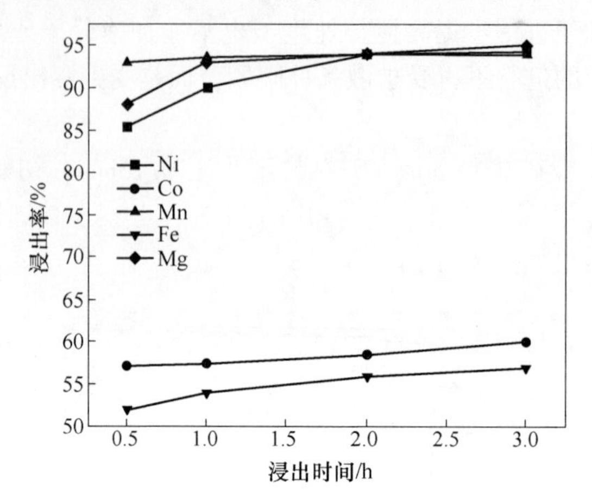

图 3-12　浸出时间对 Ni、Co、Mn、Fe、Mg 浸出率的影响

由图 3-12 可知，随着反应时间的延长，镍、钴、锰、铁、镁的浸出率都有提高。当浸出时间为 0.5h 时，镍、铁、镁的浸出率都较低。浸出时间由 0.5h 提高到 2h 时，镍的浸出率有较大提高。当浸出时间由 2h 延长至 3h 时，镍、钴、锰、铁、镁的浸出率变化不大。因此，浸出时间选取 2h 为宜。

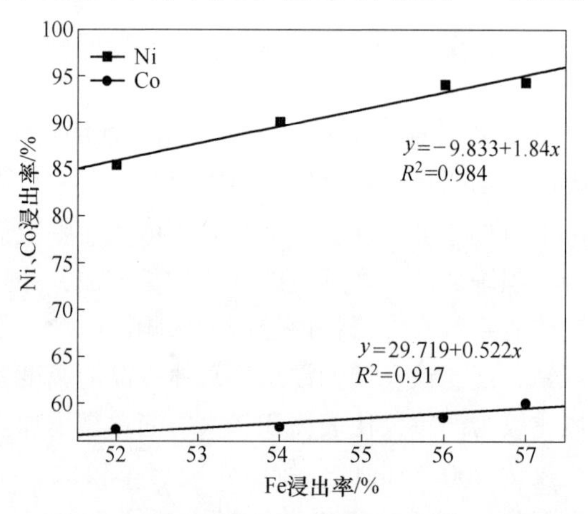

图 3-13　铁浸出与镍、钴浸出相关性的关系

由图 3-13 可以看出，镍、钴与铁的浸出存在一定的相关性，其中镍的浸出率与铁的浸出率相关系数达到 0.984，钴的浸出率与铁的浸出率相关系数也有 0.917。通过第 2 章 2.1 节矿物分析可知，87.89%的镍都是存在于铁矿物中，因

此镍的浸出必然伴随着铁的浸出。而矿石中只有 64.78%的钴是存在于铁矿物矿相中，其余主要存在于硅酸盐矿物中，因此其与铁的浸出相关性就只有 0.917，低于镍与铁的浸出相关性。

3.3.7 正交实验

在单因素实验基础上，考虑固液比对矿料中所有金属元素浸出的影响情况相似，将其排除，仅考查初始酸浓度（A）、粒度（B）、搅拌速度（C）、温度（D）和时间（E）五个因素对浸出的影响。选用正交表 $L_{16}(4^5)$，结果见表 3-4。由结果分析可知，对浸出影响由大至小依次为：温度、初始酸浓度、时间、搅拌速度、粒度；各因素最优水平分别为 A_3、B_4、C_2、D_4、E_4。这与单因素实验结果基本一致。

表 3-4 正交实验结果

序号	因素					Ni 溶解率/%
	A/mol · L^{-1}	B/mm	C/r · min^{-1}	D/℃	E/h	
1	4	0.15	200	30	1.0	47.4
2	4	0.1	300	50	1.5	65.2
3	4	0.074	400	70	2	81.5
4	4	0.05	500	90	2.5	92.7
5	6	0.15	300	70	2.5	95.2
6	6	0.1	200	90	2	95.8
7	6	0.074	500	30	1.5	60.2
8	6	0.05	400	50	1.0	57.1
9	8	0.15	400	90	1.5	67.2
10	8	0.1	500	70	1.0	61.9
11	8	0.074	200	50	2.5	65.4
12	8	0.05	300	30	2	53.3
13	10	0.15	500	50	2	66.8
14	10	0.1	400	30	2.5	53.2
15	10	0.074	300	90	1.0	80.1
16	10	0.05	200	70	1.5	84.6
k_1	71.700	69.15	73.3	53.525	61.625	
k_2	61.95	69.025	73.45	63.625	69.3	
k_3	77.075	71.8	64.75	80.8	74.35	
k_4	71.175	71.925	70.4	83.95	67.750	
R	15.125	2.9	8.7	30.425	12.725	

3.3.8 盐酸浸出渣物相分析

当浸出条件为：粒度为小于 0.15mm 的矿样，初始酸浓度 8mol/L，在浸出温度 353K，固液比 1∶4，搅拌速度 300r/min，反应时间 2h 的浸出渣物相分析如图 3-14 所示。

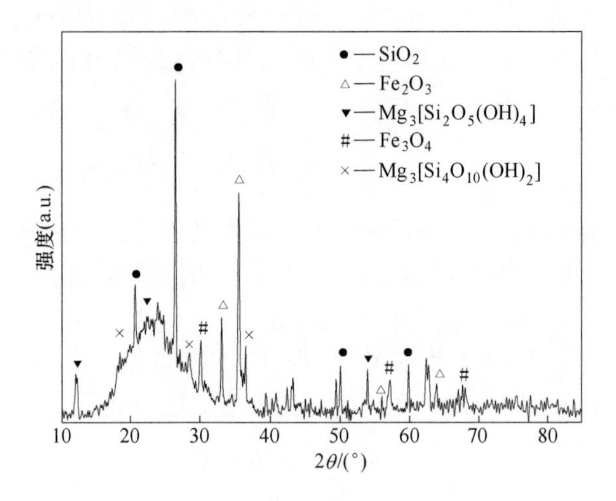

图 3-14 盐酸浸出渣物相分析

从图 3-14 可知，在最优化的工艺条件下浸出的红土镍矿矿渣的主要物相为 SiO_2、Fe_2O_3、Fe_3O_4、$Mg_3[Si_2O_5(OH)_4]$、$Mg_3[Si_4O_{10}(OH)_2]$。

3.4 浸出过程动力学研究

与其他以实验为主的科学领域一样，冶金领域中的数学模型一般可以由理论推导、以往的经验积累和实验数据曲线的形状来决定。液-固反应的动力学研究在冶金生产中占有重要的位置[17]。

3.4.1 浸出动力学模型

浸出是浸出溶剂与固相反应的复杂多相反应过程。浸出的速度以单位时间内转移到溶液中的物质的量来表示。浸出率与浸出时间的关系式可用浸出过程速率方程式求解得到。如果多相过程中某一阶段的阻力要比其他阻力大得多，则浸出过程的速度可用最小传质系数或速度常数与 C 的乘积求出。最慢的阶段控制着浸出过程的总浸出速度。

浸出速度的液固相反应动力学模型，一般可以有致密球形颗粒模型和收缩核模型。固-液多相非催化反应最常见的反应模型为收缩未反应核模型，简称缩核模型。缩核模型又分为粒径不变缩核模型和颗粒缩小缩核模型。粒径不变缩核模型的特点是有致密固相产物层生成，反应过程中粒径不变。颗粒缩小缩核模型的特点是在反应过程中反应物颗粒不断缩小，无固相产物层，产物溶于溶液中或生产疏松多孔产物层。

从低品位红土镍矿中用盐酸浸出有价金属是固-液多相非催化反应，其浸出反应发生在两相的界面上，控制步骤分为 3 种类型，即扩散控制、化学反应控制、混合控制。其中控制步骤必须从实验结果来判断。在控制步骤不同的时候，反应速度受温度的影响是不同的。在受化学反应控制时，随温度升高，反应速度急剧增加；在受扩散控制时，反应速度正比于扩散系数，而温度对扩散系数的影响远不及对化学反应速度的影响，因而在受扩散控制时，温度对浸出率的影响没有在受化学反应控制时显著。

3.4.1.1 控制步骤为化学反应

假设化学反应是一级反应，溶剂浓度为 c，物料颗粒为球状，浸出开始时，颗粒半径为 r_0，质量为 W_0，表面积为 S_0，密度为 ρ，摩尔体积为 V_m，相对分子质量为 M_r。经过时间 t 后，浸出率为 a，颗粒半径为 r，质量为 W，表面积为 S，体积为 V，n 为未反应的物料中物质的量。

颗粒质量
$$W = V\rho = \frac{4}{3}\pi r^3 \rho \tag{3-16}$$

颗粒表面积
$$S = 4\pi r^2 \tag{3-17}$$

由式（3-16）可得
$$\frac{W}{W_0} = \left(\frac{r}{r_0}\right)^3 \tag{3-18}$$

由式（3-17）可得
$$\frac{S}{S_0} = \left(\frac{r}{r_0}\right)^2 \tag{3-19}$$

因此浸出率
$$\begin{aligned} a &= 1 - \frac{W}{W_0} = 1 - \left(\frac{r}{r_0}\right)^3 \\ 1 - a &= \left(\frac{r}{r_0}\right)^3 \end{aligned} \tag{3-20}$$

式（3-20）两边各开 2/3 次方得：
$$(1 - a)^{\frac{2}{3}} = \left(\frac{r}{r_0}\right)^2 \tag{3-21}$$

对式（3-20）求导数
$$\frac{\mathrm{d}a}{\mathrm{d}t} = -\frac{3r^2}{r_0^3} \cdot \frac{\mathrm{d}r}{\mathrm{d}t} \tag{3-22}$$

在固液浸出反应中，化学反应速率正比于物料颗粒的表面积 S 及溶剂浓度 c 以单位时间物料中物质的量的变化来表示反应速率时
$$\frac{\mathrm{d}n}{\mathrm{d}t} = -k_T bSc = -k_T b \cdot 4\pi r^2 c \tag{3-23}$$

式中，k_T 为当温度不变时的浸出化学反应速率常数；b 为化学计量系数。

而
$$n = \frac{4\pi r^3}{3V_m} = \frac{4}{3}\pi r^3 \frac{\rho}{M_r} \tag{3-24}$$

对式（3-24）求导数
$$\frac{\mathrm{d}n}{\mathrm{d}t} = 4\pi \frac{\rho}{M_r} r^2 \frac{\mathrm{d}r}{\mathrm{d}t} \tag{3-25}$$
将式（3-23）代入式（3-25）可得：
$$\frac{\mathrm{d}r}{\mathrm{d}t} = - k_T \frac{M_r b}{\rho} c \tag{3-26}$$
式（3-26）代入式（3-22）后，再用式（3-21）代入：
$$\frac{\mathrm{d}a}{\mathrm{d}t} = 3 \frac{r^2}{r_0^3} k_T c \frac{M_r b}{\rho} = 3\left(\frac{r}{r_0}\right)^2 \frac{M_r b}{r_0 \rho} k_T c \tag{3-27}$$

当浸出过程溶剂浓度不变时，$\frac{3M_r b}{r_0 \rho} k_T c$ 为一常数。
$$\int_0^a \frac{\mathrm{d}a}{(1-a)^{\frac{2}{3}}} = \int_0^t \frac{3M_r b}{r_0 \rho} k_T c \mathrm{d}t$$
因此
$$1 - (1-a)^{\frac{1}{3}} = \frac{M_r b}{r_0 \rho} k_T c t = Kt \tag{3-28}$$

3.4.1.2 控制步骤为固膜扩散

固膜扩散速率方程可写成
$$- \frac{\mathrm{d}c}{\mathrm{d}t} = D \frac{\mathrm{d}c}{\mathrm{d}r} \tag{3-29}$$
反应速率如为固膜扩散控制，反应速率（以单位时间物料的物质的量变化表示）则正比于固膜扩散速度与颗粒表面积（S）。
$$\frac{\mathrm{d}n}{\mathrm{d}t} = - D \frac{\mathrm{d}c}{\mathrm{d}t} bS = - 4\pi r^2 Db \frac{\mathrm{d}c}{\mathrm{d}t} \tag{3-30}$$
对式（3-30）积分可得：
$$\frac{\mathrm{d}n}{\mathrm{d}t} = - \frac{Dc}{r_0 - r} b \cdot 4\pi r r_0 \tag{3-31}$$
将式（3-31）代入式（3-25）可得：
$$\frac{\mathrm{d}r}{\mathrm{d}t} = - \frac{M_r b}{\rho} \frac{Dc}{r - r_0} \cdot \frac{r_0}{r} \tag{3-32}$$
将式（3-32）代入式（3-22）后，再用式（3-21）代入：
$$\frac{\mathrm{d}a}{\mathrm{d}t} = \frac{3r^2}{r_0^3} \frac{M_r b}{\rho} \frac{Dc}{r_0 - r} \frac{r_0}{r}$$
$$= \frac{3}{r_0} \frac{M_r b}{\rho} Dc \frac{r}{r_0} \frac{1}{r_0 - r}$$

$$= \frac{3}{r_0^2} \frac{M_r b}{\rho} Dc \frac{r}{r_0} \frac{1}{1 - \frac{r}{r_0}} = k \frac{(1-a)^{\frac{1}{3}}}{1-(1-a)^{\frac{1}{3}}} \tag{3-33}$$

式中，$k = \frac{3DcM_r b}{r_0^2 \rho}$（在溶剂浓度 c 不变及等温下 D 视为一常数）。

$$\int_0^a \frac{1-(1-a)^{\frac{1}{3}}}{(1-a)^{\frac{1}{3}}} \mathrm{d}a = \int_0^t k \mathrm{d}t$$

可得：

$$1 - \frac{2}{3}a - (1-a)^{\frac{2}{3}} = \frac{2}{3}kt = Kt \tag{3-34}$$

3.4.1.3 控制步骤为混合控制

由式（3-27）和式（3-33）可得：

$$\frac{1}{3}\left\{\frac{r_0\rho}{M_r k_k bc}(1-a)^{-\frac{2}{3}} + \frac{\rho r_0^2}{M_r Dbc}\left[(1-a)^{-\frac{1}{3}} - 1\right]\right\} \mathrm{d}a = \mathrm{d}t$$

即

$$\frac{1}{3}\left\{(1-a)^{-\frac{2}{3}} + \frac{k_k r_0}{D}\left[(1-a)^{-\frac{2}{3}} - 1\right]\right\} \mathrm{d}a = \frac{M_r k_k cb}{r_0 \rho} \mathrm{d}t \tag{3-35}$$

等温下视 D、k_k 为一常数，积分可得：

$$1 - (1-a)^{\frac{1}{3}} + \frac{k_k r_0}{2D}\left[1 - \frac{2}{3}a - (1-a)^{\frac{2}{3}}\right] = \frac{M_r k_k cb}{r_0 \rho} t = Kt \tag{3-36}$$

在化学反应活化能较大，浸出温度不高，且有紧密的固相产物生成时，浸出速率可能受混合控制。

3.4.2 低品位红土镍矿浸出动力学方程

按照盐酸常压浸出最佳工艺条件：粒度为小于 0.15mm 的矿样，初始酸浓度 8mol/L，固液比 1∶4，搅拌速度 300r/min，进行浸出动力学实验，测得的不同温度下镍、钴、锰浸出率随反应时间变化关系如图 3-15~图 3-17 所示。

根据图 3-15~图 3-17 的结果，将 $1 - 3(1-a)^{2/3} + 2(1-a)$ 对时间 t 作图，结果如图 3-18~图 3-20 所示。

由图 3-18~图 3-20 可知，在浸出前 40min 内，镍、钴、锰的浸出率 a 随时间延长明显增大，随后趋于平缓；在同一时间内，温度越高，镍、钴、锰的浸出率 a 越大。将上述实验数据用收缩未反应核模型进行处理，发现 $1 - 3(1-a)^{2/3} + 2(1-a)$ 与时间 t 呈较好的直线关系，说明浸出镍、钴、锰的过程符合固膜扩散控制规律，对不同温度下的 $1-3(1-a)^{2/3}+2(1-a)$-t 曲线进行线性回归，得到相关反应速率常数见表 3-5~表 3-7。

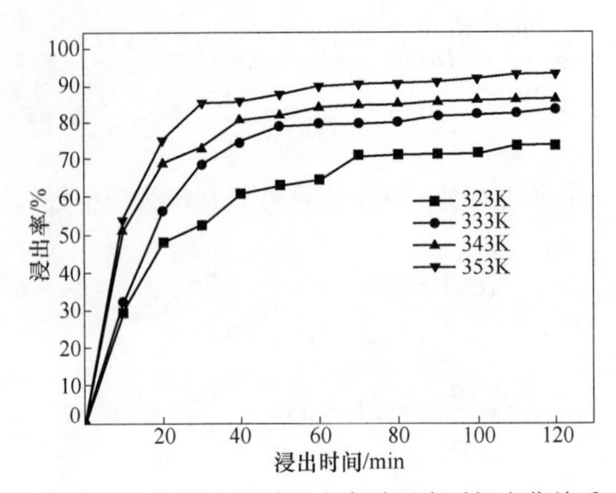

图 3-15　不同温度下镍浸出率随反应时间变化关系

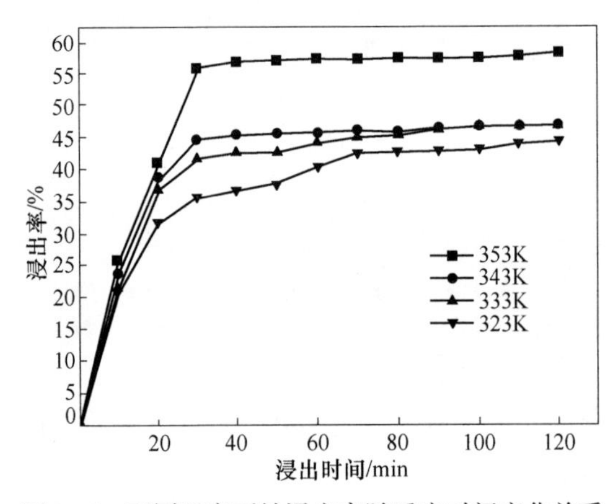

图 3-16　不同温度下钴浸出率随反应时间变化关系

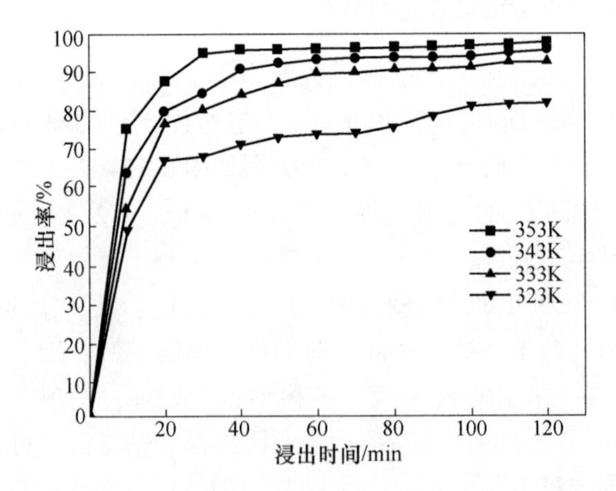

图 3-17　不同温度下锰浸出率随反应时间变化关系

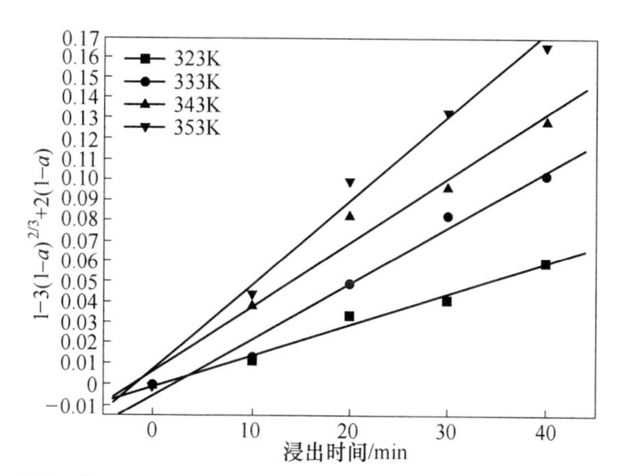

图 3-18 不同温度下 Ni 的 $1-3(1-a)^{2/3}+2(1-a)$ 与浸出时间的关系图

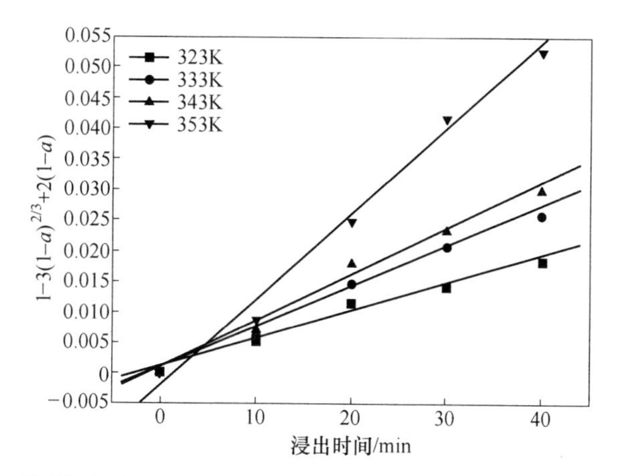

图 3-19 不同温度下 Co 的 $1-3(1-a)^{2/3}+2(1-a)$ 与浸出时间的关系图

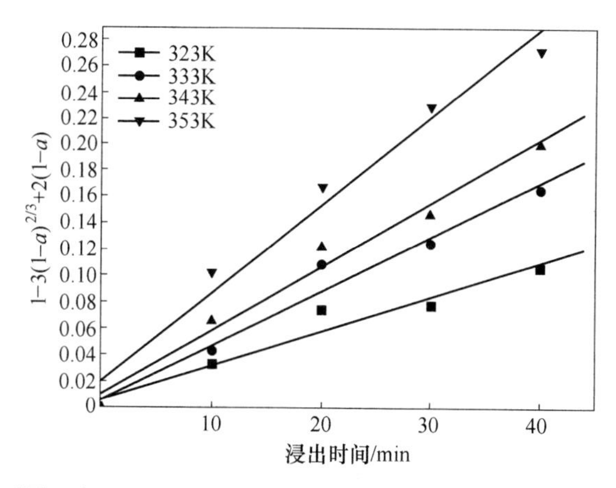

图 3-20 不同温度下 Mn 的 $1-3(1-a)^{2/3}+2(1-a)$ 与浸出时间的关系图

表 3-5 不同温度下镍浸出速率常数

浸出温度 T/K	T^{-1}/K^{-1}	综合速率常数 K/min^{-1}	ln$K$
323	3.096×10^{-3}	1.73×10^{-3}	−6.36
333	3.003×10^{-3}	2.41×10^{-3}	−6.03
343	2.915×10^{-3}	3.15×10^{-3}	−5.76
353	2.833×10^{-3}	4.01×10^{-3}	−5.52

表 3-6 不同温度下钴浸出速率常数

浸出温度 T/K	T^{-1}/K^{-1}	综合速率常数 K/min^{-1}	ln$K$
323	3.096×10^{-3}	4.57×10^{-4}	−7.69
333	3.003×10^{-3}	6.36×10^{-4}	−7.36
343	2.915×10^{-3}	8.01×10^{-4}	−7.13
353	2.833×10^{-3}	1.19×10^{-3}	−6.73

表 3-7 不同温度下锰浸出速率常数

浸出温度 T/K	T^{-1}/K^{-1}	综合速率常数 K/min^{-1}	ln$K$
323	3.096×10^{-3}	2.71×10^{-3}	−5.91
333	3.003×10^{-3}	4.17×10^{-3}	−5.48
343	2.915×10^{-3}	5.04×10^{-3}	−5.29
353	2.833×10^{-3}	6.81×10^{-3}	−4.99

通过表 3-5～表 3-7 中的相关数据，以 ln$K$ 对 $1/T$ 作图，得图 3-21～图 3-23。通过线性回归方程可以得到不同温度的反应速率常数 K(min^{-1})，按 Arrhenius 方程：

$$K = A \cdot \exp \frac{-E_a}{RT}$$

式中，A 为频率因子，min^{-1}；E_a 为活化能，J/mol；R 为理想气体常数，J/(mol · K)；T 为绝对温度，K。

由此得出镍、钴、锰的表观活化能分别为 11.56kJ/mol、11.26kJ/mol、10.77kJ/mol，证实镍、钴、锰的浸出过程为固膜扩散控制。

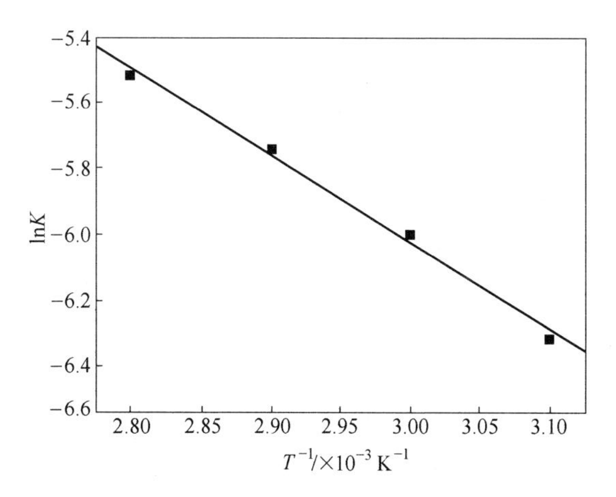

图 3-21 镍浸出反应 $\ln K$-T^{-1}关系图

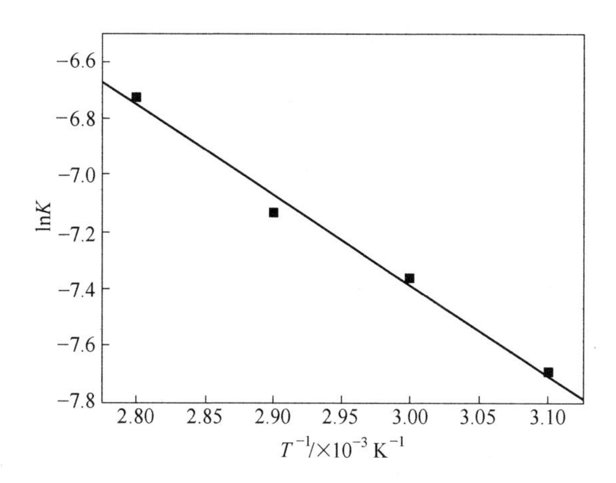

图 3-22 钴浸出反应 $\ln K$-T^{-1}关系图

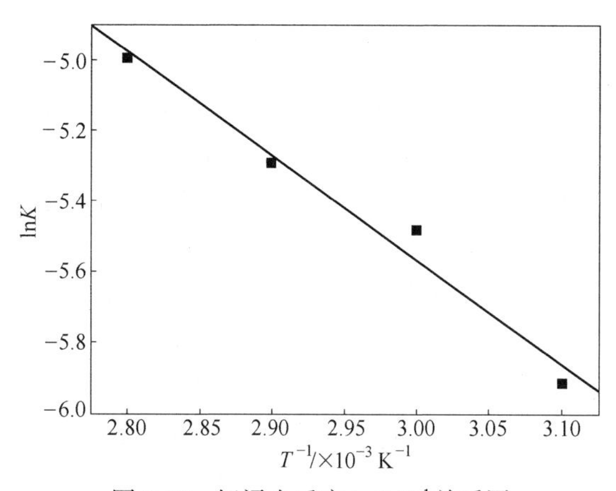

图 3-23 锰浸出反应 $\ln K$-T^{-1}关系图

3.5　浸出机理研究

由于红土镍矿中镍、钴在矿物中的不同矿相中均有存在或富集，因此研究不同矿相的溶解对于了解镍钴浸出和杂质金属浸出有着非常重要的意义。

图 3-24 所示为不同时间红土镍矿浸出渣 XRD 图，其他工艺条件为最佳工艺条件保持不变。由图 3-24 可以看出，随着浸出时间的增加，利蛇纹石矿相（$Mg_3[Si_2O_5(OH)_4]$）在 12.1°、20.2°和 60.1°的特征衍射峰逐渐减弱，甚至消失。由矿物成分分析可以知道尽管原矿中存在较多的 Si 元素，但在其原矿物相中 SiO_2仅存在 18.2°一个特征吸收峰，在原矿 14°~30°之间较宽的馒头峰表明该矿物中主要为无定型或结晶度很差的硅酸盐，而伴随着利蛇纹石矿相的分解，在其矿相中所包覆的其他矿相如 SiO_2被释放出来，因此在 20.1°出现了新的 SiO_2特征衍射峰，并且其在 18.2°特征吸收峰越来越尖锐。

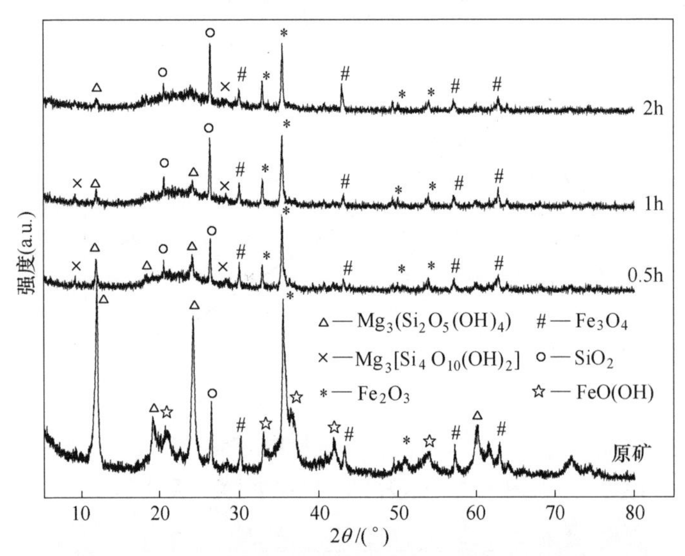

图 3-24　不同浸出时间红土镍矿浸出渣 XRD 图

由图 3-24 可以看出，针铁矿矿相 FeO(OH) 随着浸出时间的增加，其在 21°、33.2°、36.8°和 54.1°的特征衍射峰逐渐减弱直至消失。由图 3-24 中利蛇纹石和针铁矿矿相特征峰比较，以及图 3-12 中铁、镁浸出率结果可以判断在同等浸出条件下，针铁矿矿相较利蛇纹石矿相更易溶解。

图 3-24 表明随着浸出时间的增加，赤铁矿矿相（Fe_2O_3）和磁铁矿矿相（Fe_3O_4）其各自的衍射峰强度随着浸出时间的增加不断减弱，比较图 3-12 和热力学计算数据可知，赤铁矿矿相和磁铁矿矿相相对针铁矿矿相较难溶解。因此，该矿物中矿相溶解优先次序为：针铁矿矿相>利蛇纹石矿相>磁铁矿矿相≈赤铁矿矿相。

图 3-25 所示为不同浸出温度红土镍矿浸出渣 XRD 图，其他工艺条件为最佳工艺条件保持不变。由图 3-25 可以看出，当浸出温度为 343K 和 353K 时，利蛇纹石矿相在 12.1°、20.2°和 60.1°的特征衍射峰减弱或消失，针铁矿矿相 21°、33.2°、36.8°和 54.1°的特征衍射峰减弱或消失，参考图 3-9 镁和铁的浸出率可以发现，针铁矿矿相溶解的程度更大，即浸出温度对针铁矿矿相的影响更大。当浸出温度增加至 363K 时，针铁矿矿相和利蛇纹石矿相特征峰消失，说明其矿相完全被破坏，而随着利蛇纹石矿相的逐渐分解，SiO_2 矿相在 20.1°的特征峰越加尖锐。

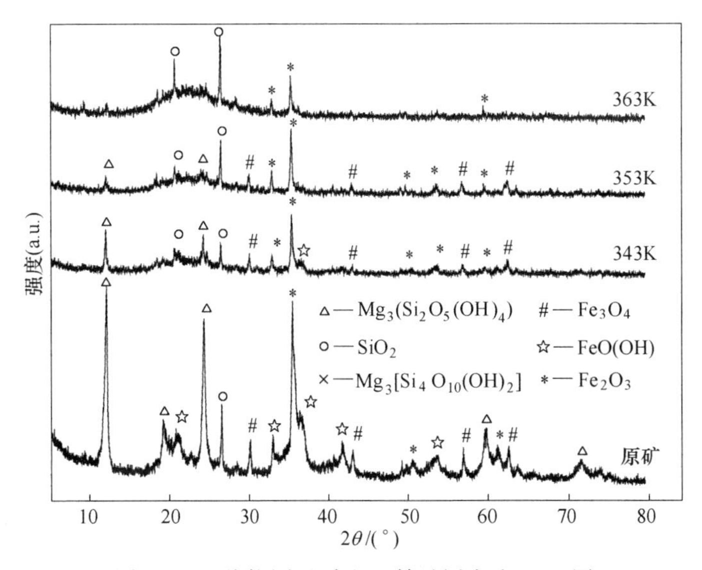

图 3-25 不同浸出温度红土镍矿浸出渣 XRD 图

从图 3-25 可以看出浸出温度对磁铁矿矿相影响相对赤铁矿矿相更为显著，即当浸出温度达到 363K 时，磁铁矿矿相特征峰消失，而赤铁矿矿相尽管其在 50.1°和 54.2°的特征峰也消失，但其在 35.8°和 33.6°的依然存在特征衍射峰。同时，从图 3-9 可以发现，当浸出温度从 353K 增加至 363K 后，铁的浸出率也相应地显著增加。因此，浸出温度对矿相溶解作用影响是：针铁矿矿相>利蛇纹石矿相>磁铁矿矿相>赤铁矿矿相。

图 3-26 所示为不同初始酸浓度红土镍矿浸出渣 XRD 图，其他工艺条件为最佳工艺条件保持不变。由图 3-26 可以看出，初始酸浓度对利蛇纹石、针铁矿、赤铁矿、磁铁矿等矿相影响和浸出时间对矿相溶解较为相似。参考图 3-8 中镍、钴、锰、铁、镁等金属元素浸出率随初始酸浓度变化关系图可知，初始酸浓度对各矿相溶解影响作用次序为：针铁矿矿相>利蛇纹石矿相>磁铁矿矿相≈赤铁矿矿相。

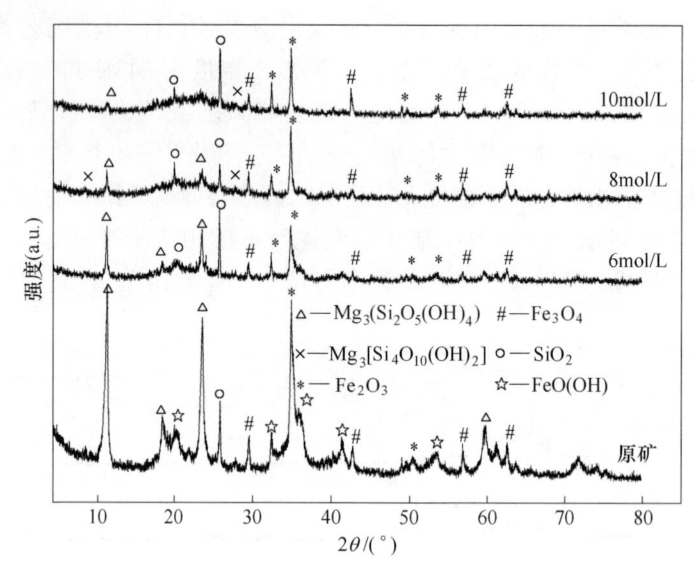

图 3-26　不同初始酸浓度红土镍矿浸出渣 XRD 图

因此，综合浸出时间、浸出温度和浸出初始酸浓度对各矿相溶解 XRD 图分析结果可以得出，在常压盐酸浸出过程中，各主要矿相溶解的优先次序为：针铁矿矿相>利蛇纹石矿相>磁铁矿矿相≥赤铁矿矿相。

3.6　本章小结

（1）热力学计算分析结果表明，矿物中存在的各矿相（除 Fe_2O_3）常压下均能与盐酸发生反应，并且随着温度的升高反应平衡常数缓慢降低。因此，常压下采用盐酸浸出的方法处理红土镍矿是可以将红土镍矿中的镍、钴、锰等有效浸出。

（2）通过单因素实验和正交实验，综合考虑生产成本及操作条件，确定了常压盐酸浸出处理红土镍矿适合的工艺条件是：使用粒度为小于 0.15mm 的矿样，初始酸浓度 8mol/L，浸出温度 353K，固液比 S∶L=1∶4，搅拌速度 300r/min，反应时间 2h。镍、钴、锰、铁、镁的浸出率分别达到 93.94%、60.5%、94%、56%、94%，有效控制铁的浸出。

（3）对比实验结果与热力学计算结果发现，镍、锰、镁的浸出结果与热力学计算分析较为符合，但铁、钴的浸出有一定的偏差，复杂的矿化作用和镍的结合情况均会影响到矿石中氧化镍、钴、铁等的活性。综合矿石矿相及成分分析，几乎所有的镍、大部分的钴存在铁矿物的矿相中，导致铁矿相的变形及晶格破坏，因此铁较为容易浸出，并且与镍的浸出具有很好的相关性；由于钴有相当一部分存在于硅酸盐中，因此，钴的浸出率较低并且与铁浸出的相关性较差。

（4）通过对矿石原料浸出动力学实验研究，结果表明镍、钴、锰浸出过程动力学符合未反应收缩核模型，属于固膜扩散控制。通过 Arrhenius 经验公式，由一系列不同温度下的 ln$K$-1/T 图，求得镍、钴、锰浸出活化能分别为 11.56kJ/mol、11.26kJ/mol、10.77kJ/mol。

（5）通过对不同工艺条件矿石原料浸出渣物相和各主要元素浸出率分析结果分析得出，在常压盐酸浸出过程中，各主要矿相溶解的优先次序为：针铁矿矿相>利蛇纹石矿相>磁铁矿矿相≥赤铁矿矿相。

参 考 文 献

[1] Zhang Peiyu, Guo Qiang, Wei Guangye, et al. Leaching metals from saprolitic laterite ore using a ferric chloride solution [J]. Journal of Cleaner Production, 2016, 112: 3531~3539.

[2] Lakshmanan V I, Sridhar R, Chen J, et al. Development of mixedchloride hydrometallurgical processes for the recovery of value metals from various resources [J]. Trans Indian Inst. Met., 2016 (1): 39~50.

[3] McDonald R G, Whittington B I. Atmospheric acid leaching of nickel laterites review. Part Ⅱ: Chloride and bio-technologies [J]. Hydrometallurgy, 2008b, 91 (1~4): 56~69.

[4] Tan K G, Bartels K, Bedard P L. Lead chloride solubility and density data in binary aqueous solutions [J]. Hydrometallurgy, 1987, 17 (3): 335~342.

[5] Königsberger E, May P, Harris B. Properties of electrolyte solutions relevant to high concentration chloride leaching Ⅰ: Mixed aqueous solutions of hydrochloric acid and magnesium chloride [J]. Hydrometallurgy, 2008, 70 (2~4): 177~191.

[6] Rath P C, Paramguru R K, Jena P K. Kinetics of dissolution of zinc sulphide in aqueous ferric chloride solution [J]. Hydrometallurgy, 1981, 6 (3~4): 219~225.

[7] Morin D, Gaunand A, Renon H. Representation of kinetics of leaching of galena by ferric chloride in sodium chloride solutions by a modified mixed kinetics model [J]. Metallurgical Transactions B, 1985, 16B (1): 31~39.

[8] Cano M, Lapid G. Mathematical model for galena leaching with ferric chloride [J]. Proceedings of the International Symposium on Modelling, Simulation and Control of Hydrometallurgical Processes, Public by Canadian Institute of Mining, Metallurgy and Petroleum, 1993: 77~90.

[9] Jin Z M, Warren G W, Henein H. Reaction kinetics and electrochemical model for the ferric chloride leaching of sphalerite [C] //Proceedings of International Symposium on Extractive Metallurgy of Zinc, 1985: 111~125.

[10] Kbayhi M, Dutriac J E, Toguri J M. Critical review of the ferric chloride leaching of galena [J]. Canadian Metallurgical Quarterly, 1990, 29 (3): 201~211.

[11] Warren G W, Henein H, Jin Z M. Reaction mechanism for the ferric chloride leaching of

sphalerite [J]. Metallurgical Transactions B, 1985, 16B (4): 715~724.

[12] Dutrizac J E. Leaching of galena in cupric chloride media [J]. Metallurgical Transactions B, 1989, 20 (4): 475~483.

[13] 迪安 J A. 兰氏化学手册 [M]. 2 版. 北京：科学出版社，2003.

[14] 叶大伦，胡建华. 实用无机物热力学数据手册 [M]. 北京：冶金工业出版社，2002.

[15] 林传仙. 矿物及有关化合物热力学数据手册 [M]. 北京：科学出版社，1985.

[16] 符芳铭，胡启阳，李金辉，等. 低品位红土镍矿盐酸浸出实验研究 [J]. 湖南有色金属，2008 (10): 32~35.

[17] 韩其勇. 冶金过程动力学 [M]. 北京：冶金工业出版社，1983.

4 氯化铵-盐酸体系选择性浸出红土镍矿工艺及机理研究

4.1 概述

湿法冶金可以处理低品位红土镍矿，随着高品位硫化镍矿资源的枯竭，湿法处理红土镍矿未来将成为主流，而氯化湿法冶金由于其独特的优势也将成为未来发展的重点。氯化湿法冶金在理论上有其独特的优势，如在盐酸溶液中加入氯离子可以增强氢离子活性以及增加溶液的溶解度，同时氯离子具有较好的去极化和消除钝化的作用，这对溶液浸出矿物的过程也非常有利。在盐酸中加入氯化物，能促进铂族金属以及金银等贵金属与氯离子形成稳定的配合物。氯化湿法冶金的这些优势，使其在工业上的应用和研究将会有很好的发展前景[1~12]。

本章采用氯化铵与稀盐酸溶液对红土镍矿进行选择性浸出的实验研究，为氯化湿法冶金的发展提供一种新的发展方向，同时也为红土镍矿的浸出工艺提供一种很好的思路。盐酸的氯化物溶液中的一些特性对水溶液中的许多物理化学性质，例如溶液的 pH 值、络合平衡、氧化-还原电位等产生一定的影响，而这些性质对矿物的浸出反应也有一定的影响。

4.2 试验结果与讨论

4.2.1 盐酸浓度对浸出的影响

在红土镍矿浸出过程中盐酸不仅能浸出红土镍矿中有价金属，也可以使溶液保持在酸性环境中，增大金属离子在溶液中的溶解度，但是盐酸浓度过大会对设备腐蚀严重，也会造成盐酸挥发影响环境。因此，在浸出过程中需要控制盐酸的浓度。称取粒度小于 0. 10mm（150 目）的矿样 10. 00g，氯化铵浓度 3mol/L，固液比 1∶6，反应温度 90℃，浸出时间 1. 5h，控制一定的搅拌速度，考察盐酸浓度对有价金属镍、钴、锰和铁浸出的影响。结果得到浸出液中的镍、钴、锰、铁的浸出率如图 4-1 所示。

由图 4-1 可知，随着盐酸浓度的增加，镍、钴、锰、铁的浸出率都会增加，其中镍总体的浸出率随着浓度的增加影响较小，盐酸浓度由 1mol/L 增加到 2mol/L 时，钴的浸出率提高最明显，由 45. 66%增加到 75. 09%，其次是锰的浸出率，由 70. 21%增加到 95. 60%，而镍和铁的浸出率提高不显著，镍的浸出率由

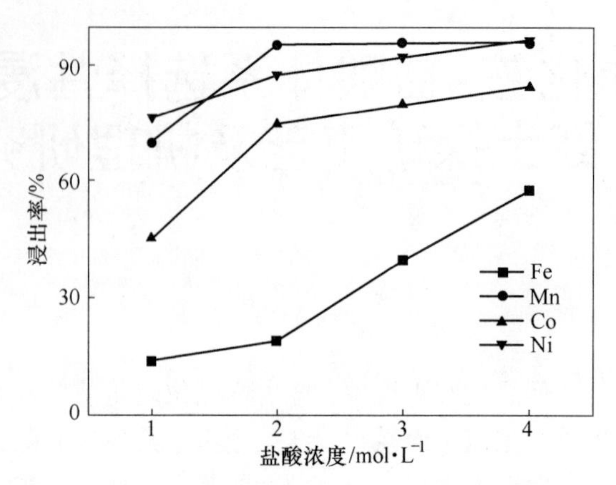

图 4-1　盐酸浓度对金属离子浸出率的影响

76.45%增加到 87.67%。但是当盐酸浓度由 2mol/L 增加到 4mol/L 时，镍、钴、锰三种金属离子的浸出率提高不明显，而铁的浸出率由 19.30%增加到 58.03%，其浸出率提高较为显著。当盐酸浓度超过 2mol/L 时，增加盐酸的浓度有利于矿物中铁的浸出，有价金属镍、钴、锰的浸出率虽然有一定的增加，但是增加不明显。考虑到生产过程减少酸耗的成本以及高浓度酸对设备的腐蚀，同时在红土镍矿浸出工艺中要尽量保证较低的铁的浸出率，为简化后期净化除铁的工艺流程，综合考虑，本实验确定盐酸浓度为 2mol/L。

4.2.2　氯化铵浓度对浸出率的影响

氯化铵溶液会电解出氯离子和铵根离子，而氯离子是完全电离的，在盐酸溶液中可以提高氢离子的活度，而溶液中的铵离子会与水中的氢氧根结合，同样会增加整个溶液体系中氢离子的浓度，加入氯化铵也可以增加溶液体系的沸点，可以提高常压浸出的温度。该实验称取粒度小于 0.10mm（150 目）的矿样 10.00g，盐酸浓度 2mol/L，固液比 1∶6，反应温度 90℃，浸出时间 1.5h，控制一定的搅拌速度，考察氯化铵浓度对有价金属镍、钴、锰和铁浸出的影响。结果得到的镍、钴、锰、铁的浸出率如图 4-2 所示。

由图 4-2 可以看出，随着氯化铵浓度的增加，有价金属镍、钴、锰浸出率都有所提高，而铁的浸出率几乎保持不变。其中锰的浸出率提高最明显，由 60.12%增加到 96.70%，当氯化铵浓度由 1mol/L 增加到 3mol/L 时，金属离子镍、钴、锰的浸出率有一定的提高，镍的浸出率由 70.82%增加到 89.7%，钴的浸出率由 51.43%增加到 72.09%，锰的浸出率由 60.13%增加到 95.6%，而铁的浸出率基本保持不变。当氯化铵浓度超过 3mol/L 时，所有金属离子的浸出率都没有显著的提高。这是由于增加氯化铵的浓度，增加镁离子的浸出率，而矿物中

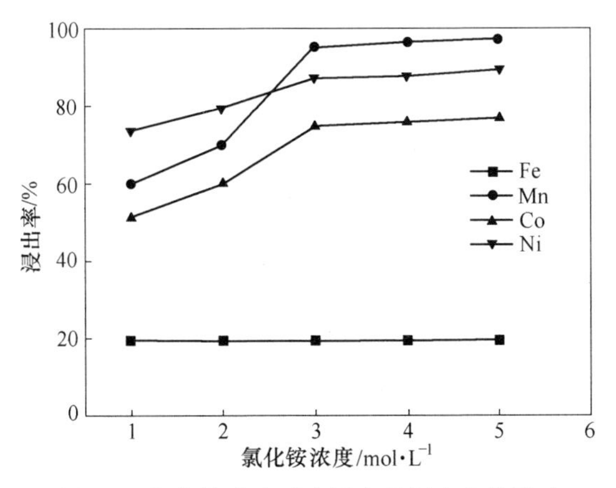

图 4-2 氯化铵浓度对金属离子浸出率的影响

的镍大部分以硅镁型的蛇纹石的形式存在，因此增加氯化铵的浓度有利于镍的浸出，而铁的浸出较低。综合考虑，本实验采用氯化铵的浓度为 3mol/L。

4.2.3 浸出温度对浸出率的影响

浸出温度对浸出反应有较为显著的影响。因为温度不仅影响溶液的物理特性，而且对离子的迁移有一定的影响。升高温度有利于减小溶液黏度以及加快离子的迁移，但是温度过高会使溶液中的介质盐酸易挥发，导致操作环境恶化，腐蚀设备，不利于经济有效的进行工业化生产。该实验称取粒度小于 0.10mm（150 目）的矿样 10.00g，盐酸浓度 2mol/L，固液比 1∶6，氯化铵浓度 3mol/L，浸出时间 1.5h，控制一定的搅拌速度，考察浸出温度对有价金属镍、钴、锰和铁浸出的影响。结果得到浸出液中的镍、钴、锰、铁的浸出率如图 4-3 所示。

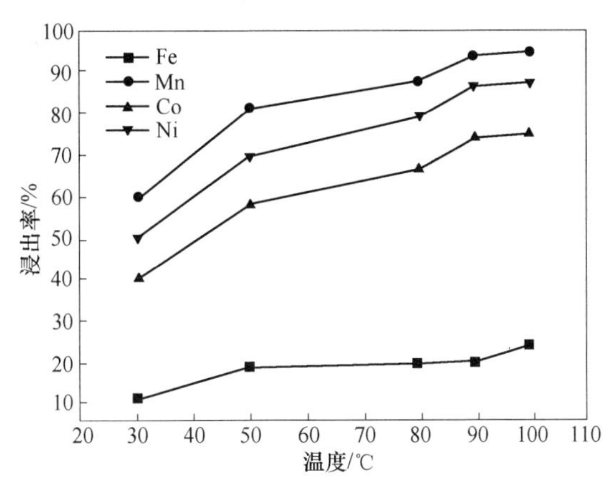

图 4-3 浸出温度对金属离子浸出率的影响

由图4-3可以看出，温度对镍、钴、锰和铁的浸出率有较大的影响，在一定的温度范围内，随着浸出温度的升高，镍、钴、锰和铁的浸出率都有一定的增加，温度由30℃增加到90℃时，有价金属镍、钴、锰和铁的浸出率由50.45%、40.25%、60.21%和10.25%增加到87.67%、75.09%、95.60%和19.30%。升高温度金属离子的浸出率都有增加的趋势，当浸出温度超过80℃时，镍、钴、锰的浸出率增加趋势较显著，而铁的浸出率增加趋势较小，由于随着温度的增加，溶液中氯离子对矿物的影响作用增加，有利于有价金属镍、钴、锰的浸出。当温度达到90℃后，随着矿物中有价金属含量的不断减少，浸出难度增加，再继续增加温度，铁离子的浸出率将会明显增加。综合考虑，本实验采用浸出温度为90℃。

4.2.4　液固比对浸出的影响

增加反应的液固比可以增加浸出反应的空间，能提高金属离子的浸出率，同时，随着溶液体积的增加，也会增加盐酸介质的含量，可以增加浸出率，但是液固比增加会造成处理的废液增加，不仅污染环境，也会增加处理的难度。称取粒度小于0.10mm（150目）的矿样10.00g，盐酸浓度2mol/L，氯化铵浓度3mol/L，浸出时间1.5h，控制一定的搅拌速度，考察液固比对有价金属镍、钴、锰和铁浸出的影响。结果所得到浸出液中的镍、钴、锰、铁浸出率如图4-4所示。

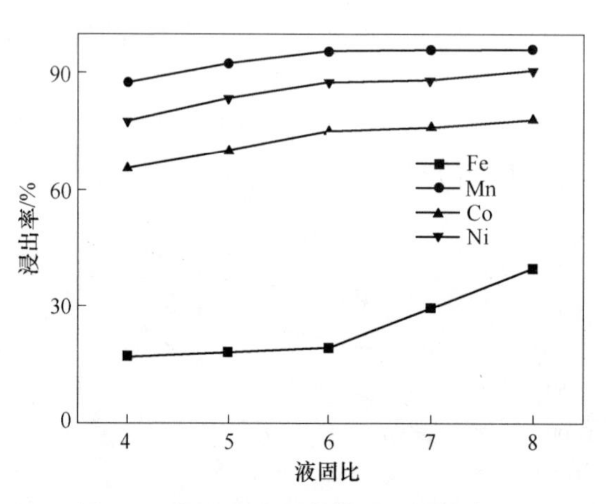

图4-4　液固比对金属离子浸出率的影响

由图4-4可知，随着液固比的增加，镍、钴、锰的浸出率都有所提高，当液固比由4增加到6时，矿物中有价金属镍、钴、锰的浸出率由77.63%、65.30%、87.6%增加到87.67%、75.09%、95.60%，增加趋势大致相同，而铁的浸出率由17.10%增加到19.30%，基本保持平稳状态，增加趋势不显著，但当液固比由 6 增加到 8 时，有价金属的浸出率几乎不变，而铁的浸出率增加到 39.8%，增加较为显著，这主要是由于开始增加液固比时主要浸出红土镍矿中的有价金属，达到一定程度后，矿浆中的有价金属离子较少，较难浸出，再增加液固比会使矿物中铁离子浸出增加。根据前面单因素实验条件，确定盐酸浓度为 2mol/L，氯化铵浓度为 3mol/L，所以在考察液固比时，溶液的浓度都是确定的，随着液固比的增加，溶液的质量增加，同时也会增加反应的盐酸和氯化铵的质量，随着盐酸的增加，溶液中铁的浸出率会迅速增加。根据实验的结果采用液固比为 6。

4.2.5 浸出时间对浸出的影响

浸出时间主要是为了保证反应的传质以及反应完全，反应时间较短时，反应不够完全，但是时间过长不仅影响生产周期，同时也会影响浸出液中的离子状态。该实验称取粒度小于 0.10mm（150 目）的矿样 10.00g，盐酸浓度 2mol/L，固液比 1∶6，氯化铵浓度 3mol/L，浸出温度 90℃，控制一定的搅拌速度，考察浸出时间对有价金属镍、钴、锰和铁浸出的影响，结果如图 4-5 所示。

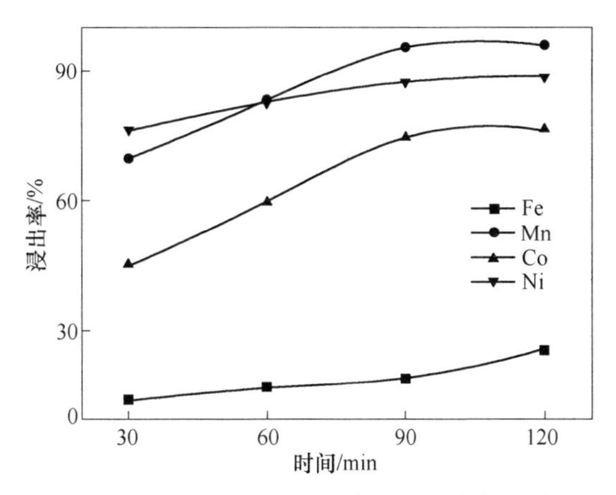

图 4-5 浸出时间对金属离子浸出率的影响

浸出时间主要影响有价金属的浸出过程能否反应完全，由图 4-5 可知，在反应开始阶段随着时间的增加，金属离子的浸出率也会增加，时间由 30min 到 90min 时，有价金属镍、钴、锰的浸出率由 76.45%、45.66%、70.21% 增加到 87.67%、75.09%、95.60%，增加较为显著，而铁的浸出率由 14.25% 增加到 19.30%，虽然也有增加，但是增加幅度相对有价金属的浸出率较小。由于在氯化铵-盐酸体系的浸出反应中有价金属离子镍、钴、锰要优先于铁而先浸出，随着反应的进行，有价金属达到一定的浸出率后，较难浸出，而铁将会继续浸出，因此在 90min 以后有价金属镍、钴、锰的浸出率几乎不变，而铁的浸出率增加较为显著。确定浸出时间为 90min。

4.3 浸出机理分析

根据原矿的物相分析结果可知，红土镍矿中的有价金属主要以化合物或氧化物的形式存在于不同矿相中，研究红土镍矿中不同矿相的溶解机理对了解有价金属镍、钴和锰以及杂质金属铁的浸出有重要意义。采用盐酸-氯化铵体系对红土镍矿中的有价金属进行浸出，根据矿物学知识，主要的红土镍矿的矿物种类是针铁矿和不同量含镍的层状硅酸盐的蒙脱石和蛇纹石。针铁矿在含酸量相等的不同酸中的溶解速率的顺序为：高氯酸 < 硫酸 < 盐酸[3]，因此本研究采用盐酸作为介质溶液。

4.3.1 酸浸出机理研究

红土镍矿浸出反应过程中，主要是酸的溶解作用，将矿物中的有价金属溶解到溶液中。而有价金属镍、钴、锰可能存在铁酸盐和硅酸盐的形式，同时也有以氧化物的形式存在于不同的矿相之中。根据前面原矿的相关研究结果分析可知，红土镍矿在酸溶液中浸出可能发生的主要化学反应有：

$$NiFe_2O_4(s) + 2H^+ \longrightarrow Ni^{2+} + Fe_2O_3(s) + H_2O(l) \tag{4-1}$$

$$CoFe_2O_4(s) + 2H^+ \longrightarrow Co^{2+} + Fe_2O_3(s) + H_2O(l) \tag{4-2}$$

$$MnFe_2O_4(s) + 2H^+ \longrightarrow Mn^{2+} + Fe_2O_3(s) + H_2O(l) \tag{4-3}$$

$$2NiO \cdot SiO_2(s) + 4H^+ \longrightarrow 2Ni^{2+} + SiO_2(s) + 2H_2O(l) \tag{4-4}$$

$$2CoO \cdot SiO_2(s) + 4H^+ \longrightarrow 2Co^{2+} + SiO_2(s) + 2H_2O(l) \tag{4-5}$$

$$MnO \cdot SiO_2(s) + 2H^+ \longrightarrow Mn^{2+} + SiO_2(s) + H_2O(l) \tag{4-6}$$

$$2MnO \cdot SiO_2(s) + 4H^+ \longrightarrow 2Mn^{2+} + SiO_2(s) + 2H_2O(l) \tag{4-7}$$

$$3MgO \cdot 2SiO_2 \cdot 2H_2O(s) + 6H^+ \longrightarrow 3Mg^{2+} + 2SiO_2(s) + 5H_2O(l) \tag{4-8}$$

$$NiO(s) + 2H^+ \longrightarrow Ni^{2+} + H_2O(l) \tag{4-9}$$

$$CoO(s) + 2H^+ \longrightarrow Co^{2+} + H_2O(l) \tag{4-10}$$

$$MnO(s) + 2H^+ \longrightarrow Mn^{2+} + H_2O(l) \tag{4-11}$$

$$MnO_2(s) + 4H^+ \longrightarrow Mn^{4+} + 2H_2O(l) \tag{4-12}$$

$$FeO(OH)(s) + 3H^+ \longrightarrow Fe^{3+} + 2H_2O(l) \tag{4-13}$$

$$Fe_2O_3(s) + 6H^+ \longrightarrow 2Fe^{3+} + 3H_2O(l) \tag{4-14}$$

结合矿物浸出过程中可能发生的方程式可以看出，酸性环境对矿物的溶解有决定性的作用，而金属离子的浸出过程也是矿物的溶解过程。因此红土镍矿的酸浸出机理就是研究矿物中不同结构矿相的物质在酸溶液中溶解的变化过程。由原矿的XRD可知，红土镍矿存在的主要矿相为：蛇纹石矿相（$Mg_3[Si_2O_5(OH)_4]$）、针铁矿矿相（$FeO(OH)$）、赤铁矿矿相（Fe_2O_3）和磁铁矿矿相（Fe_3O_4）。通过对不同条件下矿物的浸出渣中的XRD分析各个矿相在浸出时发生的变化，进而分析红土镍矿在酸性溶液中的浸出机理。

图4-6所示为不同酸浓度、其他为最佳工艺条件下浸出红土镍矿得到的浸出渣的XRD图，由图可知随着酸浓度的增加，针铁矿矿相在不同位置的特征吸收峰也有较大的变化，随着时间增加，针铁矿矿相在特定的特征衍射峰逐渐减弱直至消失。在酸浓度为2mol/L时，浸出渣中的矿相看不到针铁矿矿相，而蛇纹石矿相会随着酸浓度的增加逐渐消失，形成SiO_2，根据图中蛇纹石矿相和针铁矿矿相的吸收特征峰进行比较可知，针铁矿矿相在浸出过程中优先于蛇纹石矿相而先发生溶解。而赤铁矿矿相和磁铁矿矿相在酸浓度较低时很难发生溶解，这也与实验结果中铁的浸出率较低相吻合。

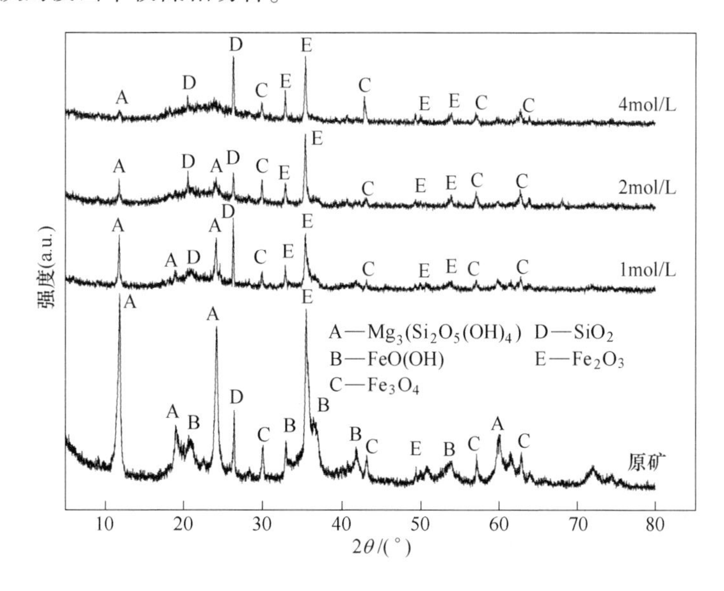

图4-6 不同酸浓度的红土镍矿浸出渣XRD图

图4-7所示为不同温度、其他为最佳工艺条件下浸出红土镍矿得到的浸出渣的XRD图，由图可知，当浸出温度增加到50℃和90℃时，针铁矿矿相和蛇纹石矿相在特定位置的特征吸收峰都减弱，有的位置的特征峰甚至消失。而当浸出温度达到90℃时，浸出渣中基本没有针铁矿矿相，而仍有蛇纹石矿相，因此升高温度更有利于针铁矿的溶解。蛇纹石矿相逐渐被分解，形成SiO_2矿相。结合实验结果可知，随着温度的升高有价金属的浸出率不断增加，而铁的浸出率增加不明显，也验证温度对红土镍矿中矿相的影响机理。而赤铁矿矿相和磁铁矿矿相随着温度的变化不显著，在温度达到90℃时，浸出渣中的赤铁矿和磁铁矿基本没有改变，说明其晶体结构较稳定。综上所述，升高温度有利于提高有价金属的浸出率，与实验结果相符合。

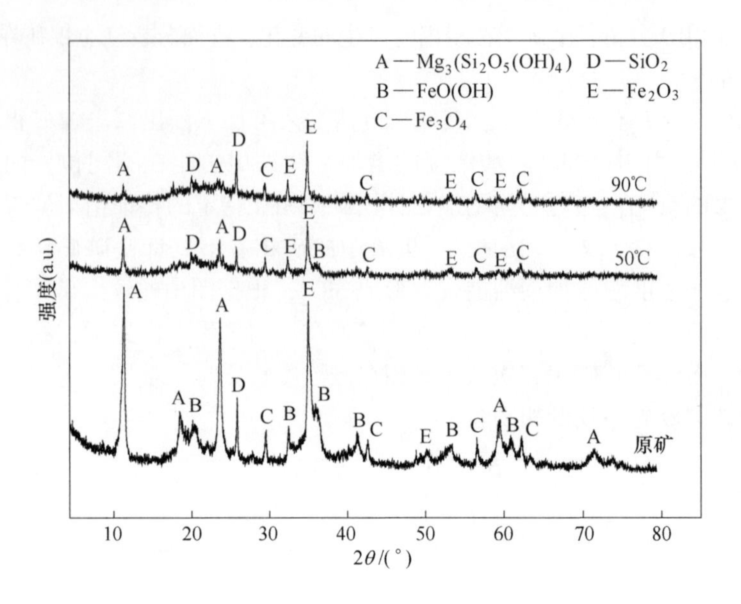

图 4-7　不同浸出温度的红土镍矿浸出渣 XRD 图

图 4-8 所示为不同时间、其他为最佳工艺条件下浸出红土镍矿得到浸出渣的 XRD 图，由图可知，随着浸出时间增加，针铁矿矿相在不同位置的特征吸收峰有较大的变化，当浸出时间达到 60min 时，针铁矿矿相在特定位置的特征衍射峰逐渐消失。蛇纹石矿相的特征衍射峰随着浸出时间的增加也有明显的变化，而且在不同位置会出现新的 SiO_2 特征衍射峰，蛇纹石矿相也不断分解，其矿相会遭到

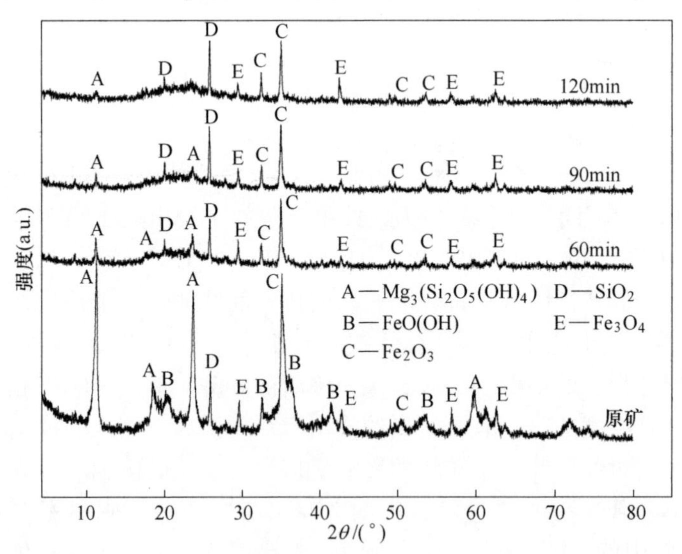

图 4-8　不同浸出时间红土镍矿浸出渣 XRD 图

破坏，而其包裹的 SiO_2 就被释放出来。浸出渣中仍然有较多的蛇纹石矿相，说明在浸出过程中针铁矿优先浸出，而溶液中剩余的酸会继续溶解蛇纹石。而随着时间不断增加，赤铁矿矿相和磁铁矿矿相各自的衍射峰强度都有不断减弱的趋势，结合实验结果可知，随着浸出时间增加，铁的浸出率显著增加，而有价金属的浸出率基本无明显变化，与实验结果相符合。

综合上述，红土镍矿的酸浸出实验中，其中的针铁矿矿相会先发生溶解，释放出其中夹带的有价金属，同时也会有部分的铁浸出，随着反应的进行，蛇纹石也会不断地溶解，释放出有价金属的同时也产生 SiO_2，由于 SiO_2 不溶于酸性溶液，因此会留在浸出渣中，而磁铁矿矿相和赤铁矿矿相，在浸出液中溶解度较低，也符合在实验中铁的浸出率较低的实验结果。

4.3.2 氯盐浸出机理研究

采用盐酸-氯化铵溶液体系浸出红土镍矿，盐酸不仅提供氢离子，而且提供氯离子，向盐酸溶液中加入氯化铵，可以增加氯离子的含量，提高酸性溶液中氢离子活度。

实验表明，盐酸-氯化物溶液与针铁矿中镍和铁的浸出有着密切的关系。在较低的温度下，主要是酸性溶液中酸对针铁矿浸出，酸的浓度是影响矿物浸出的主导因素，而在温度超过 80℃时，金属离子的浸出不仅仅取决于酸的浓度，还主要取决于氯离子的浓度。其首先假设针铁矿的表面进行水合随后通过质子和氯离子的吸附到表面部位，进而达到溶解的效果[13,14]。因此针铁矿的溶解机理可以通过以下表示。

在针铁矿中首先是氢离子与其反应而且反应速率较快，表现为：

$$\text{界面}\left|\begin{matrix}\text{Fe}-\text{OH}\\ \diagdown\\ \text{O}\\ \diagup\end{matrix}\right. + H^+ \xrightleftharpoons{\text{快}} \text{界面}\left|\begin{matrix}\text{Fe}^+\\ \diagdown\\ \text{O}\\ \diagup\end{matrix}\right. + H_2O$$

$$\text{界面}\left|\begin{matrix}\text{Fe}^+\\ \diagdown\\ \text{O}\\ \diagup\end{matrix}\right. + H^+ \xrightarrow{\text{慢}} Fe(OH)^{2+}(aq)$$

最终反应式可表现为：

$$Fe(OH)^{2+}(aq) + H^+ \longrightarrow Fe^{3+}(aq) + H_2O \tag{4-15}$$

同时氯离子也会与针铁矿参加反应，反应速率较慢，所以在浸出反应时可以增加温度来提高其反应速率，反应主要表现为升高温度溶液中氯离子会取代矿物表面中的羟基与铁结合形成铁氯配合物的形式，主要方程式可表示为：

$$\text{界面}\,|\!-\text{Fe—OH} + Cl^- \rightleftharpoons \text{界面}\,|\!-\text{Fe—Cl} + OH^-$$

$$OH^- + H^+ \longrightarrow H_2O \tag{4-16}$$

根据实验结果可知，随着溶液中氯离子浓度升高，矿物浸出红土镍矿中有价金属的浸出率也会增加，说明在一定温度时溶液中氯离子与矿物结合，促进矿物的溶解。氯盐溶液溶解针铁矿的机理可表示为，在针铁矿表面与氯离子结合形成铁氯的配合物，其反应如下：

$$\text{界面}\,|\!-\text{Fe(—OH)(—O—)} + Cl^- \rightleftharpoons \text{界面}\,|\!-\text{Fe(—Cl)(—O—)} + OH^-$$

$$OH^- + H^+ \longrightarrow H_2O \tag{4-17}$$

形成的配合物与溶液中的氢离子结合生成铁的可溶性配合物，其反应如下：

$$\text{界面}\,|\!-\text{Fe(—Cl)(—O—)} + H^+ \longrightarrow Fe(OH)Cl^+(aq)$$

$$Fe(OH)Cl^+\,(aq) + H^+ \longrightarrow FeCl^{2+}\,(aq) + H_2O \tag{4-18}$$

总反应为：

$$FeOOH + 3HCl \longrightarrow FeCl^{2+} + 2Cl^- + 2H_2O \tag{4-19}$$

对在最优浸出工艺条件下得到的浸出渣进行 XRD 和扫描电镜-能谱分析，如图 4-9 和图 4-10 所示。

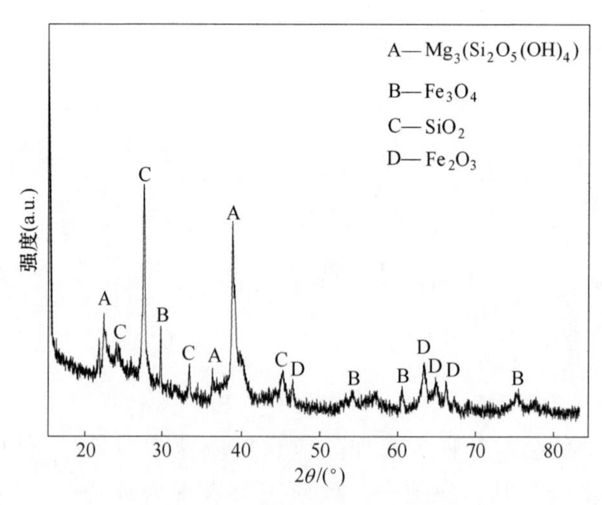

图 4-9　浸出渣的 XRD 图

由图 4-9 浸出渣的 XRD 图可以看出，浸出渣中没有针铁矿的矿相，说明在盐酸氯盐溶液中矿物中的针铁矿完全溶解，而有部分的蛇纹石矿相没发生溶解，由于 SiO_2矿相明显增多，说明有大部分的蛇纹石矿相发生溶解，而磁铁矿矿相和赤铁矿矿相基本无变化，说明采用增加氯离子浓度的方法可以增加针铁矿的溶解，而对磁铁矿和赤铁矿的浸出影响不明显。

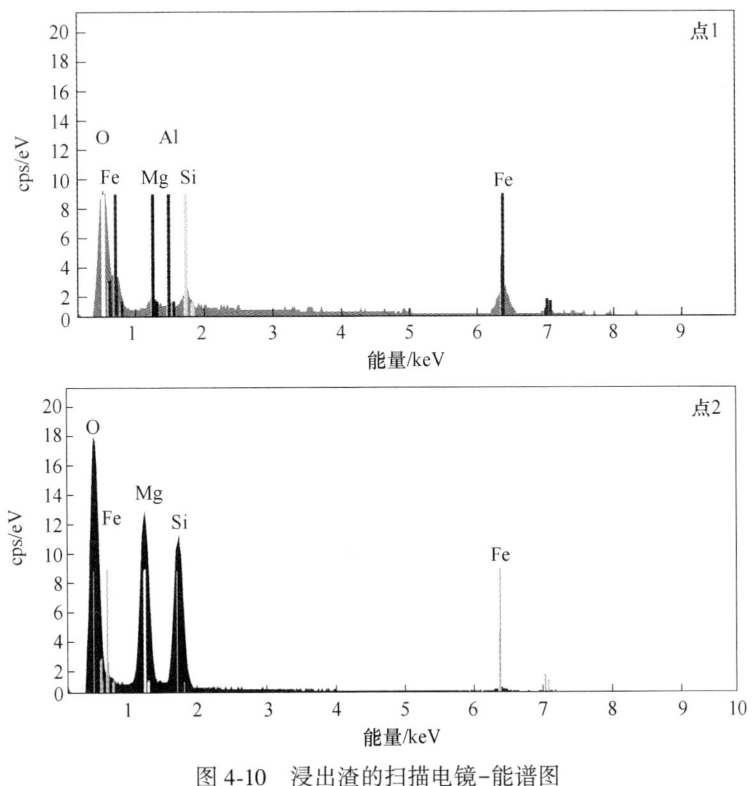

图 4-10 浸出渣的扫描电镜-能谱图

由图 4-10 浸出渣的扫描电镜-能谱图可以看出，浸出渣的扫描电镜图谱表面暗淡，只有很少的光亮点，说明矿物中大部分金属进入浸出液中，而有少量的亮点部分中 Fe 的含量很高，说明有 Fe 元素没有被浸出，这由能谱图的元素含量也可验证此结论。矿渣中主要元素为 Si、Mg 和少量的 Fe，与浸出渣中 XRD 分析结果相吻合。

4.4　浸出动力学分析

红土镍矿采用氯化铵-盐酸体系浸出过程是一个典型的固液两相反应，对红土镍矿中有价金属镍、钴、铁的浸出率-时间曲线利用传统的动力学模型[15~18]进行动力学曲线拟合，发现其浸出结果不符合这些动力学模型，所以传统的动力学模型不适合用来描述该动力学过程。经过计算发现，这种浸出过程是受固体颗粒表面的界面交换和固膜扩散共同控制的缩小核模型，可以用 Dickinson 等人[19]和 Dehghan 等人[20]研究的一种新的缩小核模型来进行模拟计算，认为动力学方程如下：

$$\frac{1}{3}\ln(1-w)+[(1-w)^{-1/3}-1]=K_m t \tag{4-20}$$

式中，w 为浸出率；K_m 为反应表观速率常数；t 为反应时间。

将镍、钴和铁的浸出率代入式（4-20）可得到在不同反应温度下的 $1/3\ln(1-w)+[(1-w)^{-1/3}-1]$ 与时间 t 的直线，如图 4-11~图 4-13 所示。

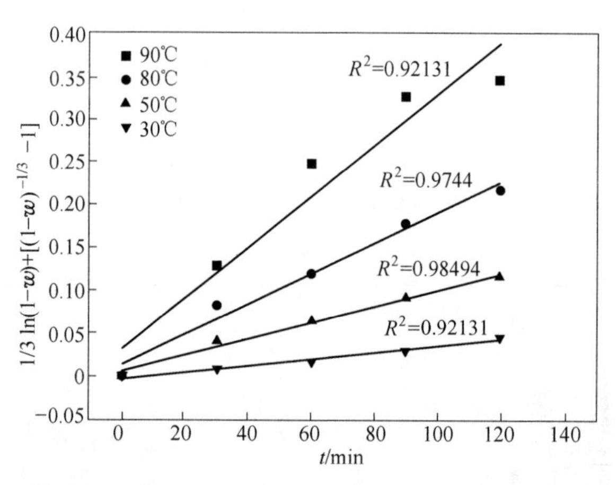

图 4-11　在不同温度下镍的 $1/3\ln(1-w)+[(1-w)^{-1/3}-1]$ 与时间 t 的关系

由图 4-11~图 4-13 可以看出，在各温度条件下得到的反应相关系数 R^2 均大于 0.92，所以具有很好的线性相关性。因此在本研究中，镍、钴和铁的浸出过程符合这种动力学模型。

根据 Arrhenius 公式 $K=A\exp[-E_a/(RT)]$ 两边取对数可得：$\ln K=\ln A-E_a/(2.303RT)$，用 $\ln K$-$1/T$ 作图，可计算方程的斜率而得到镍的浸出反应的活

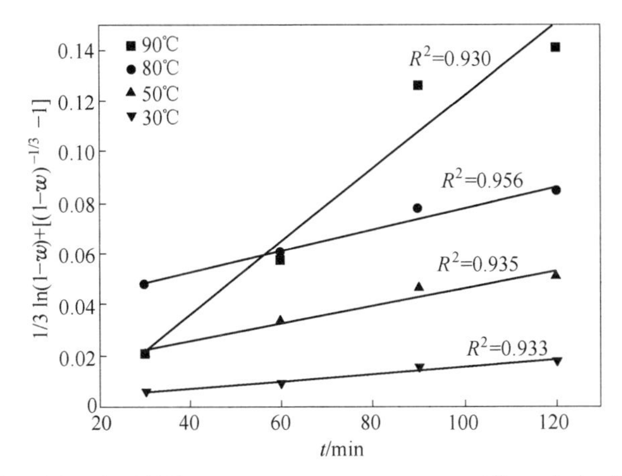

图 4-12 在不同温度下钴的 $1/3\ln(1-w)+[(1-w)^{-1/3}-1]$ 与时间 t 的关系

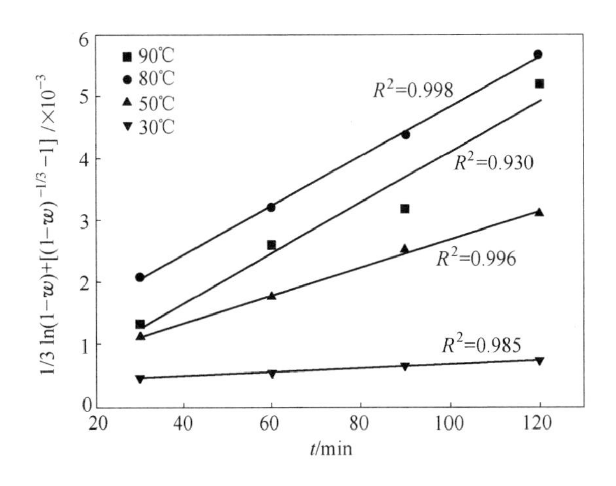

图 4-13 在不同温度下铁的 $1/3\ln(1-w)+[(1-w)^{-1/3}-1]$ 与时间 t 的关系

化能 E_a。由式（4-18）可知，K 即为 $1/3\ln(1-w)+[(1-w)^{-1/3}-1]$ -t 图的斜率，因此可以得到不同温度下的反应速率，数据列于表 4-1～表 4-3 中。

表 4-1 不同温度下镍的浸出速率常数

T/K	k/s^{-1}	ln$K$
303	3.33×10^{-4}	−8.01
323	1.033×10^{-3}	−6.88
353	2×10^{-3}	−6.21
363	3.67×10^{-3}	−5.61

表 4-2　不同温度下钴的浸出速率常数

T/K	k/s^{-1}	ln$K$
303	1.78×10^{-4}	-8.63
323	5.22×10^{-4}	-7.56
353	8.67×10^{-4}	-7.05
363	1.42×10^{-3}	-6.56

表 4-3　不同温度下铁的浸出速率常数

T/K	k/s^{-1}	ln$K$
303	1.49×10^{-5}	-11.12
323	2.82×10^{-5}	-10.78
353	4.89×10^{-5}	-9.93
363	3.56×10^{-5}	-10.20

由图 4-14~图 4-16 可知，直线的斜率即为浸出反应的活化能，因此可得到该浸出条件下镍、钴和铁的表观活化能分别为 4.01kJ/mol、3.43kJ/mol 和 1.87kJ/mol。镍、钴和铁浸出的活化能值都是介于 1~5kJ/mol 范围内，说明镍、钴和铁的浸出过程受固膜扩散条件控制。从而验证此动力学模型的可行性。

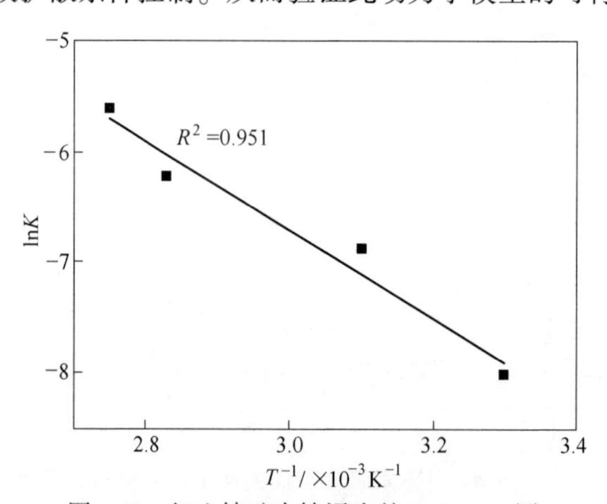

图 4-14　红土镍矿中镍浸出的 Arrhenius 图

在该浸出反应中，浸出温度、浸出时间、液固比、盐酸和氯化铵溶液的浓度对浸出反应有较大的影响。因此，该模型的反应速率常数可以由各个反应的影响因素来确定，即可以得到的关系如下：

$$K_m = k_0[HCl]^a[NH_4Cl]^b(c_{L/S})^c\exp[-E_a/(RT)] \tag{4-21}$$

式中，k_0 为阿伦尼乌斯常数；a、b 和 c 为反应级数；$c_{L/S}$为液固比。

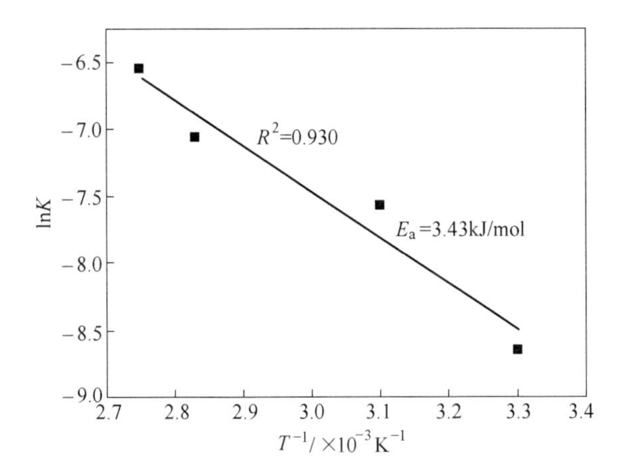

图 4-15 红土镍矿中钴浸出的 Arrhenius 图

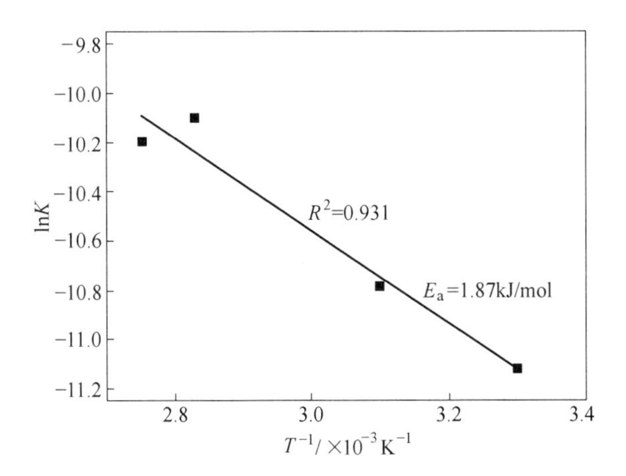

图 4-16 红土镍矿中铁浸出的 Arrhenius 图

将式（4-21）中的 K_m代入式（4-20）中可得：

$$1/3\ln(1-w)+[(1-w)^{-1/3}-1]=k_0 c_{HCl}{}^a c_{NH_4Cl}{}^b (c_{L/S})^c \exp[-E_a/(RT)]t \tag{4-22}$$

根据镍、钴和铁的浸出率和在浸出反应中受到的影响因素，来确定镍、钴和铁在缩小核模型的变体表观反应速率常数，从而得到各个金属的浸出动力学方程。为提高红土镍矿的浸出过程提供理论依据。

根据图 4-14～图 4-16 中求得各个金属反应的活化能 E_a 分别为 4.01kJ/mol、3.43kJ/mol 和 1.87kJ/mol，由截距求得阿伦尼乌斯常数 k_0 为 204.38×10^{-3}、16.65×10^{-3}、7.12×10^{-3}。各个金属的反应级数 a、b 和 c 可以分别由 $\ln K$-$\ln c_{HCl}$、$\ln K$-$\ln c_{NH_4Cl}$、$\ln K$-$\ln c_{L/S}$作图分别求出。

由图 4-17 得出镍浸出反应级数 $a=1.32$、$b=0.85$ 和 $c=1.53$，分别代入式(4-22) 得出镍的浸出过程的动力学方程式如下：

$$1/3\ln(1-w)+[(1-w)^{-1/3}-1] =204.38{c_{HCl}}^{1.32}{c_{NH_4Cl}}^{0.85}{c_{L/S}}^{1.53}\exp[-4010/(RT)]t \tag{4-23}$$

由图 4-18 得出钴浸出反应级数 $a=1.74$、$b=1.12$ 和 $c=1.22$，分别代入式(4-22) 得出镍的浸出过程的动力学方程式如下：

$$1/3\ln(1-w)+[(1-w)^{-1/3}-1] =16.65{c_{HCl}}^{1.74}{c_{NH_4Cl}}^{1.12}{c_{L/S}}^{1.22}\exp[-3430/(RT)]t \tag{4-24}$$

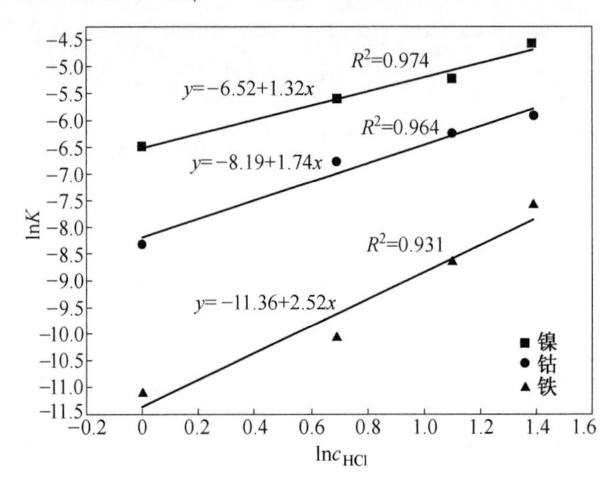

图 4-17　镍、钴和铁浸出的 $\ln K$-$\ln c_{HCl}$ 关系

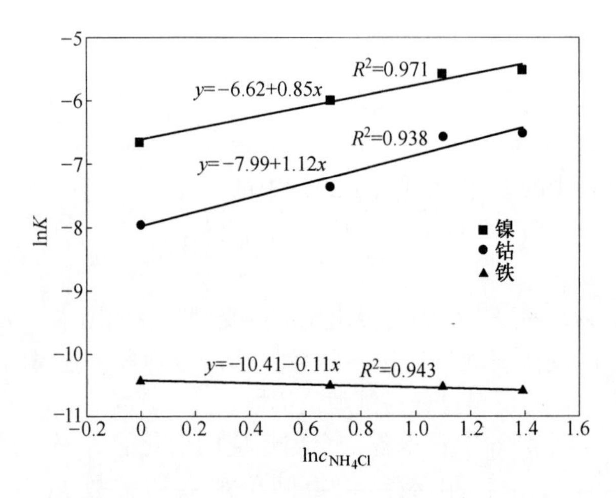

图 4-18　镍、钴和铁浸出的 $\ln K$-$\ln c_{NH_4Cl}$ 关系

由图 4-19 得出铁浸出反应级数 $a=2.52$、$b=-0.11$ 和 $c=0.94$，分别代入式（4-22）得出镍的浸出过程的动力学方程式如下：

$$\begin{aligned}&1/3\ln(1-w)+[(1-w)^{-1/3}-1]\\&=7.12\times10^{-3}\,c_{HCl}{}^{2.52}c_{NH_4Cl}{}^{-0.11}\,c_{L/S}{}^{0.94}\exp[-1870/(RT)]t\end{aligned}\tag{4-25}$$

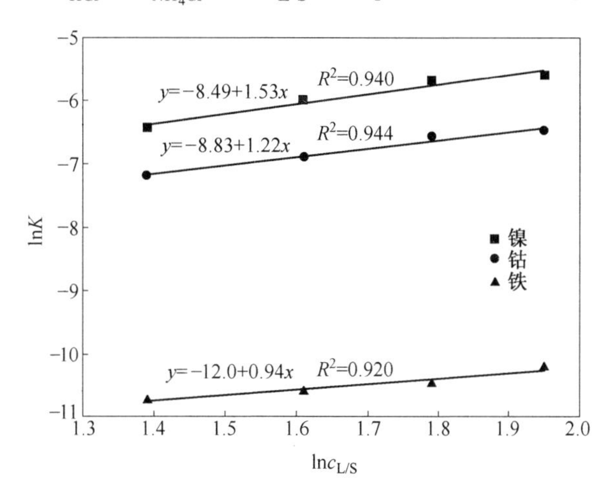

图 4-19 镍、钴和铁浸出的 $\ln K$-$\ln c_{L/S}$关系

综上所述，红土镍矿盐酸-氯化铵体系浸出中，镍、钴和铁的浸出分两个阶段进行。第一阶段是固体颗粒表面的界面交换过程；而第二阶段则是掺固膜扩散的过程。动力学研究也验证了这一点，同时也说明红土镍矿中的镍和钴以表面吸附和晶格取代两种形式存在。

4.5 盐酸-氯化铵体系水溶液 OLI 分析

OLI 系统软件主要是对水溶液系统的模拟计算，可以建立一个新的化学溶液模型来模拟测定溶解度。该软件数据库包含超过 100 种基本阳离子和阴离子物种，并且它对 OLI 水分析工具的离子浓度输入来定义原料流体提供精确支持。该软件包含 6000 多种有机和无机的化学热力学和物理性质数据，用来执行仿真模拟。而溶液的电解质模型是针对文献数据通过大量的实验反复修订的结果，模拟结果可信度非常高。

图 4-20 所示为常温条件下不同的氯盐在 0.5mol/L 的盐酸溶液中氯盐对氢离子活度的影响。由图可知，氯化镁和氯化钙在相同浓度时对氢离子活度的影响几乎一样，而相同浓度的氯化铵对氢离子活度的影响要比其他氯盐的影响大，当氯化铵浓度增加到 3mol/L 时，盐酸溶液中氢离子活度增加了 2 倍，而当氯化铵浓度超过 7mol/L 时，增加氯盐浓度，而氢离子活度将不会增加，这主要是由于溶

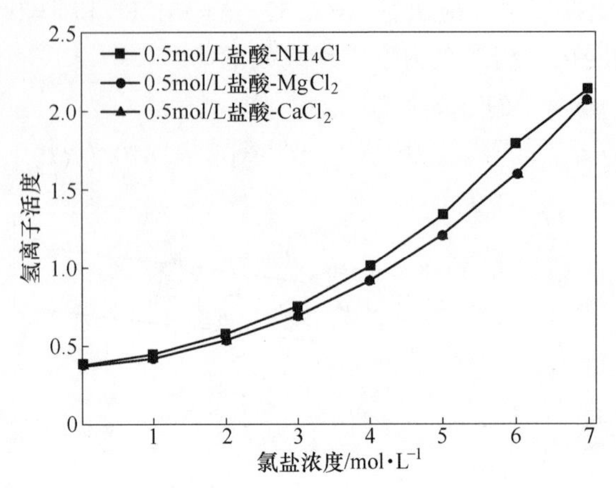

图 4-20 25℃时 0.5mol/L 盐酸溶液中不同氯盐对氢离子活度的模拟

液达到饱和状态。由于反应中主要氢离子活度是参与反应的主要标准，因此盐酸溶液加入氯盐后可以增加反应的程度和反应的速度，同时也可以减少酸的使用浓度。

图 4-21 所示为常温条件下不同的氯盐在 2mol/L 的盐酸溶液中氯盐对氢离子活度的影响。由图可知，当盐酸浓度增加时，氯盐对氢离子活性同样有较大的影响，其中氯化铵对氢离子活度的影响较其他氯盐的作用更加显著，随着盐酸浓度的增加，加入同样的氯盐对氢离子活度影响变小，主要是由于酸浓度增加会导致溶液中氢离子的电离程度降低，所以实验中采用 2mol/L 的盐酸，考察加入氯盐对氢离子活度的影响。当氯化铵浓度增加到 3mol/L 时，溶液中氢离子活度增加了 2.3 倍，其浓度与 5mol/L 的盐酸氢离子活度相近。所以加入氯盐有利于矿物在盐酸溶液中的溶解度。

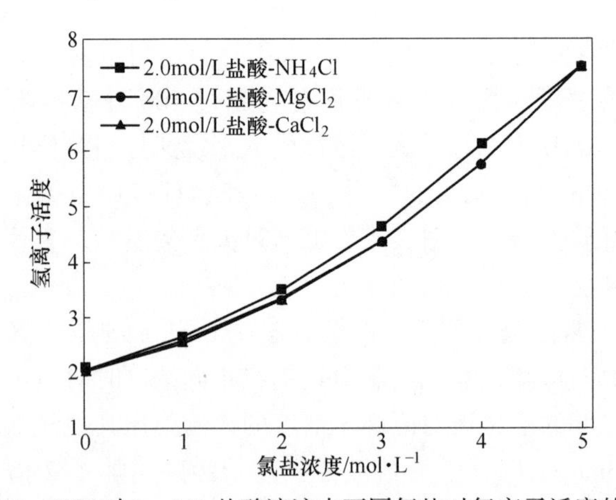

图 4-21 25℃时 2mol/L 盐酸溶液中不同氯盐对氢离子活度的模拟

由于氯盐溶液对氢离子活度的影响规律相同，而氯化铵对氢离子活度的影响更为显著，因此考察氯化铵在较高温度时对氢离子活度的影响。考察 100℃时盐酸溶液中加入氯化铵对氢离子活度的影响，目的在于考察较高温度时溶液中氢离子活度的影响。

图 4-22 所示为 100℃条件下，在 2mol/L 的盐酸溶液中氯化铵对氢离子活度的影响。由图可知，当氯化铵浓度增加到 3mol/L 时，溶液中氢离子活度增加了 2.3 倍，总体而言，当温度增加时，氯化铵对氢离子活度的影响较常温时变小，这是在较高温度时氯化氢气体的分压超过水蒸气分压，溶液中的氯化氢气体减少，从而影响了溶液体系中整体的氢离子活度。但是由于温度对矿物的浸出影响较为显著，在矿物浸出实验中，需要较高的温度，因此为防止气体逸出在浸出实验过程中需要添加回流装置或加压的装置。

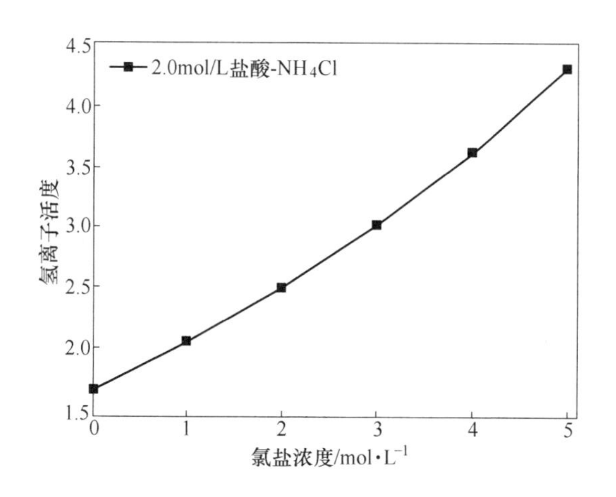

图 4-22 100℃时 2mol/L 盐酸溶液中氯化铵对氢离子活度的模拟

溶液的始沸点主要影响溶液的汽化，由于矿物浸出过程中，升高温度有利于矿物中有价金属的浸出，同时也有利于溶液中氯离子与矿物中针铁矿的反应，但是温度过高溶液沸腾汽化，造成酸性介质的损失，因此考察加入氯盐对盐酸溶液沸点的影响，有利于提高溶液体系浸出红土镍矿时的温度。

图 4-23 所示为在常压下盐酸氯化铵溶液的始沸点的模拟，由图可知盐酸-氯化铵溶液的始沸点随着盐酸浓度和氯化铵浓度的增加而增大，说明加入氯化铵可以增加盐酸溶液的始沸点。升高溶液的始沸点可减少溶液中氯化氢气体的挥发，有助于提高溶液中氢离子与氯离子的浓度，从而有利于增强溶液中氢离子活度，对提高在溶液中的浸出反应温度有一定的指导意义。

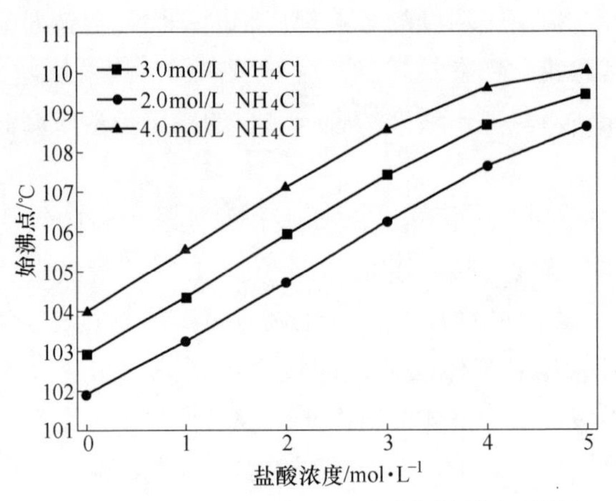

图 4-23　在常压下盐酸氯化铵溶液的始沸点的模拟

4.6　本章小结

（1）通过单因素实验确定了盐酸-氯化铵体系浸出红土镍矿的最佳工艺条件为：浸出温度为 90℃，氯化铵浓度为 3mol/L，盐酸浓度为 2mol/L，固液比为 1∶6，浸出时间为 90min 的条件下得到镍的浸出率为 89.45%，钴的浸出率为 88.56%，锰的浸出率为 90.23%，而铁的浸出率只有 19.30%。有价金属的浸出率都较高，有效地控制了铁的浸出。

（2）结合原矿中的 XRD 可知，红土镍矿的主要矿相有蛇纹石矿相（$Mg_3[Si_2O_5(OH)_4]$）、针铁矿矿相（$FeO(OH)$）、赤铁矿矿相（Fe_2O_3）和磁铁矿矿相（Fe_3O_4），分析盐酸-氯化铵溶液体系浸出红土镍矿的机理，在酸浸出过程中，酸的浓度对浸出效果影响较大，矿物中的针铁矿首先发生溶解，蛇纹石矿相有部分溶解，释放出有价金属离子同时也会产生 SiO_2。而赤铁矿矿相和磁铁矿矿相几乎不发生溶解。在氯盐浸出过程中，温度对浸出效果影响较大，结合浸出渣的 XRD 图可知，在温度超过 80℃，氯盐对矿物溶解起主要作用。

（3）研究了盐酸氯盐溶液浸出过程中镍、钴、铁的浸出动力学，实验结果表明，镍、钴、铁的浸出过程符合一种新的缩小核模型。用 Arrhenius 公式进行拟合，镍、钴、铁的浸出的表观活化能分别为 4.01kJ/mol、3.43kJ/mol 和 1.87kJ/mol，阿伦尼乌斯常数分别为：204.38×10^{-3}、16.65×10^{-3}、7.12×10^{-3}，镍浸出反应级数 $a=1.32$、$b=0.85$ 和 $c=1.53$，钴浸出反应级数 $a=1.74$、$b=1.12$、$c=1.22$，铁浸出反应级数 $a=2.52$、$b=-0.11$ 和 $c=0.94$，进而可得出 Ni、Co、Fe 的浸出动力学方程。

（4）采用 OLI 系统对盐酸-氯化铵溶液体系中氢离子活度进行模拟，在 2mol/L 的盐酸溶液中加入 3mol/L 氯化铵时，溶液中氢离子活度增加了 2.3 倍，其浓度与5mol/L的盐酸氢离子活度相近。同时对溶液的始沸点进行模拟，得出加入氯化铵可以增加盐酸溶液的始沸点，这对提高溶液中的浸出温度有一定的指导意义。

参 考 文 献

[1] Zhang P Y, Guo Q, Wei G Y, et al. Leaching metals from saprolitic laterite ore using a ferric chloride solution [J]. Journal of Cleaner Production,2016, 112: 3531~3539.

[2] Lakshmanan V I, Sridhar R, Chen J, et al. Development of mixedchloride hydrometallurgical processes for the recovery of value metals from various resources [J]. Trans. Indian Inst. Met., 2016, 1: 39~50.

[3] McDonald R G, Whittington B I. Atmospheric acid leaching of nickel laterites review. Part Ⅱ: Chloride and bio-technologies [J]. Hydrometallurgy, 2008, 91 (1~4): 56~69.

[4] Tan K G, Bartels K, Bedard P L. Lead chloride solubility and density data in binary aqueous solutions [J]. Hydrometallurgy, 1987, 17 (3): 335~342.

[5] Königsberger E, May P, Harris B. Properties of electrolyte solutions relevant to high concentration chloride leaching Ⅰ: Mixed aqueous solutions of hydrochloric acid and magnesium chloride [J]. Hydrometallurgy, 2008, 70 (2~4): 177~191.

[6] Rath P C, Paramguru R K, Jena P K. Kinetics of dissolution of zinc sulphide in aqueous ferric chloride solution [J]. Hydrometallurgy, 1981, 6(3~4): 219~225.

[7] Morin D, Gaunand A, Renon H. Representation of kinetics of leaching of galena by ferric chloride in sodium chloride solutions by a modified mixed kinetics model [J]. Metallurgical Transactions B, 1985, 16B (1): 31~39.

[8] Cano M, Lapid G. Mathematical model for galena leaching with ferric chloride [C] // Proceedings of the International Symposium on Modelling, Simulation and Control of Hydrometallurgical Processes, Public by Canadian Institute of Mining, Metallurgy and Petroleum, 1993: 77~90.

[9] Jin Z M, Warren G W, Henein H. Reaction kinetics and electrochemical model for the ferric chloride leaching of sphalerite [C] //Zinc'85: Proceedings of International Symposium on Extractive Metallurgy of Zinc. Sponsored by: Mining & Metallurgical Inst of Japan, Tokyo, Jpn; Japan Mining Industry Assoc, Jpn; Japan Lead Zinc Development Assoc, Jpn Mining & Metallurgical Inst of Japan, 1985: 111~125.

[10] Kbayhi M, Dutriac J E, Toguri J M. Critical review of the ferric chloride leaching of galena [J]. Canadian Metallurgical Quarterly, 1990, 29 (3): 201~211.

[11] Warren G W, Henein H, Jin Z M. Reaction mechanism for the ferric chloride leaching of sphalerite [J]. Metallurgical Transactions B, 1985, 16B (4): 715~724.

[12] Dutrizac J E. Leaching of galena in cupric chloride media[J]. Metallurgical Transactions B,

1989, 20 (4): 475~483.

[13] Wang X D, McDonald R G, Hart R D, et al. Acid resistance of goethite in nickel laterite ore from Western Australia. Part Ⅱ. Effect of liberating cementations on acid leaching performance [J]. Hydrometallurgy, 2014, 141: 49~58.

[14] Cornell R M, Posner A M, Quirk J P. Kinetics and mechanisms of the acid dissolution of goethite (α-FeOOH) [J]. J. Inorg. Nucl. Chem., 1976, 3: 563~567.

[15] Puente-siller D M, Fuentes-aceituno J C, Nava-alonso F. A kinetic-thermodynamic study of silver leaching in thiosulfate-copper-ammonia-EDTA solutions[J]. Hydrometallurgy, 2013, 134/135: 124~131.

[16] Gharabaghi M, Irannajad M, Azadmehr A R. Leaching kinetics of nickel extraction from hazardous waste by sulphuric acid and optimization dissolution conditions [J]. Hydrometallurgy, 2013, 91 (2): 325~331.

[17] MacCarthy J, Nosrati A, Skinner W, et al. Atmospheric acid leaching mechanisms and kinetics and rheological studies of a low grade saprolitic nickel laterite ore [J]. Hydrometallurgy, 2016, 160: 26~37.

[18] Liu K, Chen Q Y, Yin Z L, et al. Kinetics of leaching of a Chinese laterite containing maghemite and magnetite in sulfuric acid solutions [J]. Hydrometallurgy, 2012, 125/126: 125~136.

[19] Dickinson C F, Heal G. R. Solid-liquid diffusion controlled rate equations [J]. Thermochimica Acta, 1999, 340/341: 89~103.

[20] Dehghan R, Noaparast M, Kolahdoozan M. Leaching and kinetic modilling of low-grade calcareous sphalerite in acidic ferric chloride solution [J]. Hydrometallurgy, 2009, 96 (4): 275~282.

5 红土镍矿氯化焙烧水浸工艺实验及机理研究

5.1 概述

氯化焙烧是在一定的温度和气氛条件下，利用不同金属元素氯化物热力学稳定性上的差异，用氯化剂使矿物原料中的目的组分转变为气相或凝聚相的氯化物，以使目的组分分离富集的焙烧过程[1~3]。根据焙烧产物形态可分为中低温氯化焙烧、高温氯化焙烧和氯化—离析三种类型。低温、中温氯化焙烧生成的金属氯化物留在焙砂中，然后用浸出法使其转入溶液中，故常将其称为氯化焙烧—浸出法。本实验采用的方法分别是中低温氯化焙烧，即氯化焙烧—浸出法。

实验分别以 HCl 气体和不同的氯盐或氯盐组合作为氯化剂，在不同的温度下进行氯化焙烧，同时改变反应时间、反应物粒度等因素，考察不同工艺条件对镍、钴、锰、铁、镁等金属浸出率及有价金属与杂质金属分离的影响。

5.2 低温氯化焙烧实验研究

以氯化氢气体作为氯化剂直接通入管式炉内进行氯化焙烧，可以在较低的温度下进行，避免了像其他固体氯化剂必须在较高的温度下反应，如氯化铵必须在346℃以上才会分解产生氯化氢气体。实验以浓硫酸滴加氯化钠固体反应制备氯化氢气体，实验装置如图 2-9 所示，反应如下：

$$H_2SO_4(l) + 2NaCl(s) = 2HCl(g) + Na_2SO_4(s) \tag{5-1}$$

5.2.1 热力学分析

实验所用红土镍矿中的镍、钴等有价金属主要以铁酸盐和硅酸盐的形式存在，同时有部分镍、钴以氧化物的形式存在（详见图 2-1、表 2-2 和表 2-3）。图 2-1 中的物相分析结果表明，矿料中的主要物相有 $NiFe_2O_4$、Fe_2O_3、SiO_2、$Mg_3[Si_2O_5(OH)_4]$、$FeO(OH)$等矿相。在用 HCl 气体焙烧红土镍矿过程中主要可能会发生的反应及其反应吉布斯自由能与温度关系式如下所示：

$$NiFe_2O_4(s) + 2HCl(g) = NiCl_2(s) + Fe_2O_3(s) + H_2O(g)$$

$$\Delta_r G^{\ominus} = -102.1406 + 0.1217T(kJ/mol) \tag{5-2}$$

$$CoFe_2O_4(s) + 2HCl(g) \xlongequal{} CoCl_2(s) + Fe_2O_3(s) + H_2O(g)$$

$$\Delta_r G^{\ominus} = -110.837 + 0.1386T(\text{kJ/mol}) \quad (5\text{-}3)$$

$$MnFe_2O_4(s) + 2HCl(g) \xlongequal{} MnCl_2(s) + Fe_2O_3(s) + H_2O(g)$$

$$\Delta_r G^{\ominus} = -137.146 + 0.1211T(\text{kJ/mol}) \quad (5\text{-}4)$$

$$2NiO \cdot SiO_2(s) + 4HCl(g) \xlongequal{} 2NiCl_2(s) + SiO_2(s) + 2H_2O(g)$$

$$\Delta_r G^{\ominus} = -231.834 + 0.2426T(\text{kJ/mol}) \quad (5\text{-}5)$$

$$2CoO \cdot SiO_2(s) + 4HCl(g) \xlongequal{} 2CoCl_2(s) + SiO_2(s) + 2H_2O(g)$$

$$\Delta_r G^{\ominus} = 169.634 + 0.2545T(\text{kJ/mol}) \quad (5\text{-}6)$$

$$MnO \cdot SiO_2(s) + 2HCl(g) \xlongequal{} MnCl_2(s) + SiO_2(s) + H_2O(g)$$

$$\Delta_r G^{\ominus} = -1316.717 + 0.1234T(\text{kJ/mol}) \quad (5\text{-}7)$$

$$2MnO \cdot SiO_2(s) + 4HCl(g) \xlongequal{} 2MnCl_2(s) + SiO_2(s) + 2H_2O(g)$$

$$\Delta_r G^{\ominus} = 1473.728 + 0.224T(\text{kJ/mol}) \quad (5\text{-}8)$$

$$MgO \cdot SiO_2(s) + 2HCl(g) \xlongequal{} MgCl_2(s) + SiO_2(s) + H_2O(g)$$

$$\Delta_r G^{\ominus} = -58.662 + 0.115T(\text{kJ/mol}) \quad (5\text{-}9)$$

$$2MgO \cdot SiO_2(s) + 4HCl(g) \xlongequal{} 2MgCl_2(s) + SiO_2(s) + 2H_2O(g)$$

$$\Delta_r G^{\ominus} = -128.138 + 0.232T(\text{kJ/mol}) \quad (5\text{-}10)$$

$$3MgO \cdot 2SiO_2 \cdot 2H_2O(s) + 6HCl(g) \xlongequal{} 3MgCl_2(s) + 2SiO_2(s) + 5H_2O(g)$$

$$\Delta_r G^{\ominus} = -37.898 + 0.0437T(\text{kJ/mol}) \quad (5\text{-}11)$$

$$3MgO \cdot 2SiO_2 \cdot 2H_2O(s) \xlongequal{} 2MgO \cdot SiO_2(s) + MgO \cdot SiO_2(s) + 2H_2O(g)$$

$$\Delta_r G^{\ominus} = 147.879 - 0.301T(\text{kJ/mol}) \quad (5\text{-}12)$$

$$NiO(s) + 2HCl(g) \xlongequal{} NiCl_2(s) + H_2O(g)$$

$$\Delta_r G^{\ominus} = -122.5444 + 0.1251T(\text{kJ/mol}) \quad (5\text{-}13)$$

$$CoO(s) + 2HCl(g) \xlongequal{} CoCl_2(s) + H_2O(g)$$

$$\Delta_r G^{\ominus} = -129.9075 + 0.1247T(\text{kJ/mol}) \quad (5\text{-}14)$$

$$MnO(s) + 2HCl(g) \xlongequal{} MnCl_2(s) + H_2O(g)$$

$$\Delta_r G^{\ominus} = -153.097 + 0.122T(\text{kJ/mol}) \quad (5\text{-}15)$$

$$MnO_2(s) + 4HCl(g) \xlongequal{} MnCl_2(s) + Cl_2(g) + 2H_2O(g)$$

$$\Delta_r G^{\ominus} = -76.968 + 0.0804T(\text{kJ/mol}) \quad (5\text{-}16)$$

$$4MnO_2(s) \xlongequal{} 2Mn_2O_3(s) + O_2(g)$$

$$\Delta_r G^{\ominus} = -165.589 + 0.211T(\text{kJ/mol}) \quad (5\text{-}17)$$

$$Mn_2O_3(s) + 6HCl(g) \xlongequal{} 2MnCl_2(s) + 3H_2O(g) + Cl_2(g)$$

$$\Delta_r G^{\ominus} = -409.33 + 0.199T(\text{kJ/mol}) \quad (5\text{-}18)$$

$$MgCl_2(s) + H_2O(g) \xlongequal{\quad} MgO(s) + 2HCl(g)$$

$$\Delta_r G^{\ominus} = 95.523 - 0.116T(kJ/mol) \tag{5-19}$$

$$Fe_2O_3(s) + 6HCl(g) \xlongequal{\quad} 2FeCl_3(s) + 3H_2O(g)$$

$$\Delta_r G^{\ominus} = -196.5029 + 0.4946T(kJ/mol)\ (\text{温度：}298 \sim 600K) \tag{5-20}$$

$$Fe_2O_3(s) + 6HCl(g) \xlongequal{\quad} 2FeCl_3(g) + 3H_2O(g)$$

$$\Delta_r G^{\ominus} = -165.5887 + 0.2112T(kJ/mol)\ (\text{温度：大于}600K) \tag{5-21}$$

$$Fe_3O_4(s) + 2HCl(g) \xlongequal{\quad} FeCl_2(s) + Fe_2O_3(s) + H_2O(g)$$

$$\Delta_r G^{\ominus} = -102.955 + 0.1142T(kJ/mol) \tag{5-22}$$

在常压不同温度下，计算化学反应的吉布斯自由能 $\Delta_r G_T^{\ominus}$ 和温度 T 的关系公式为：

$$\Delta_r G_T^{\ominus} = \sum(\nu_1 G_T^{\ominus})_{\text{生成物}} - \sum(\nu_2 G_T^{\ominus})_{\text{反应物}} \tag{5-23}$$

由于在所研究的温度范围内氯化镍、氯化钴、氯化锰、氯化镁均为固体，只有氯化铁以气固状态存在，所以在进行热力学计算时氯化镍、氯化钴、氯化锰、氯化镁均定为固体，氯化铁则分为气体和固体分别研究。利用《兰氏化学手册》[4]、《实用无机物热力学数据手册》[5]和《矿物及有关化合物热力学数据手册》[6]提供的有关热力学数据计算了红土镍矿中的镍、钴、锰等有价金属可能存在的矿相在氯化过程中其吉布斯自由能 $\Delta_r G_T^{\ominus}$ 和温度 T 的关系，按 3.2.2 节所示方法把各个反应的计算结果表示在以 $\Delta_r G_T^{\ominus}$ 为纵坐标和以 T 为横坐标的图上，以便得到所研究的体系在给定条件下的 $\Delta_r G_T^{\ominus}$-T 图，如图 5-1 ~ 图 5-4 所示。

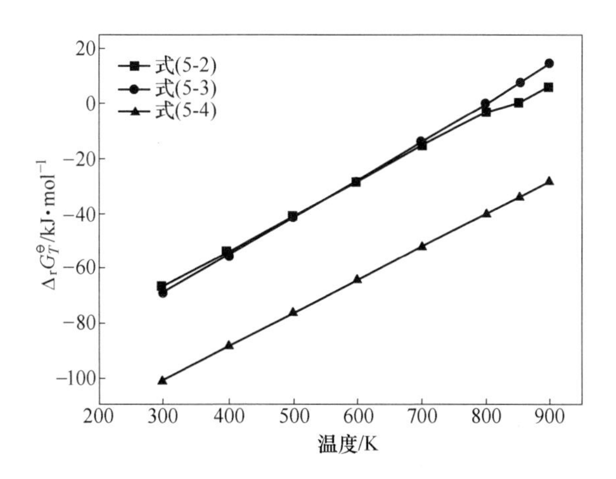

图 5-1 反应式（5-2）~ 式（5-4）的 $\Delta_r G_T^{\ominus}$-T 关系图

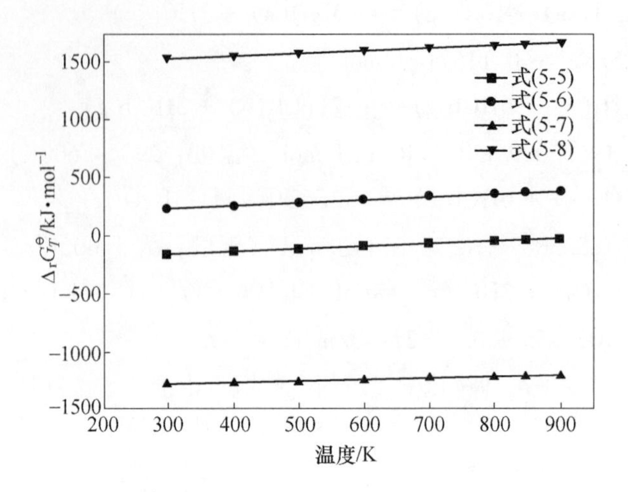

图 5-2　反应式（5-5）~式（5-8）的 $\Delta_r G_T^\ominus$-T 关系图

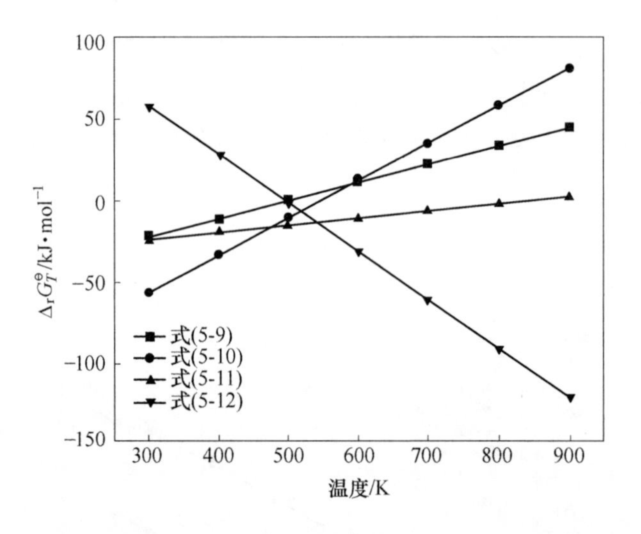

图 5-3　反应式（5-9）~式（5-12）的 $\Delta_r G_T^\ominus$-T 关系图

图 5-1 和 $\Delta_r G_T^\ominus$-T 计算表明，反应式(5-2)~式(5-4)随着温度的升高其进行的趋势越来越小，在温度达到 850K 以上时反应式(5-2)和式(5-3)就不会发生，而反应式(5-4)在所研究的温度范围内均可以发生。所以当反应温度控制在 800K 以下时，镍、钴、锰的铁酸盐均可以被氯化，其中铁酸锰氯化的趋势最大，而铁酸镍和铁酸钴被氯化的趋势相差不大。从图 5-2 和 $\Delta_r G_T^\ominus$-T 计算可以看出，反

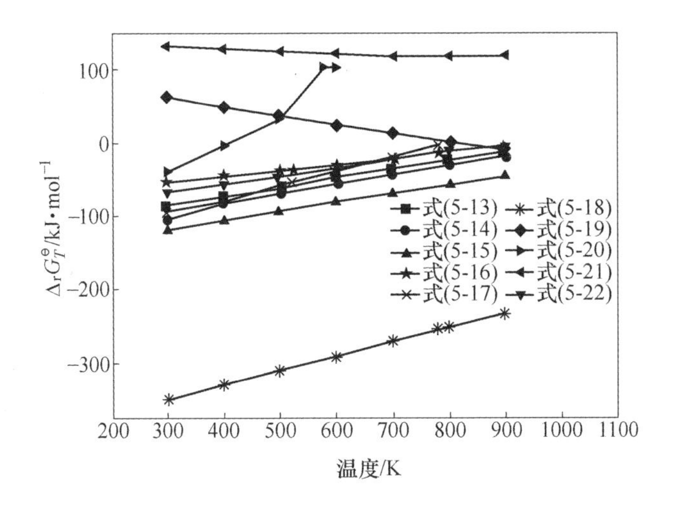

图 5-4　反应式(5-13)～式(5-22)的 $\Delta_r G_T^\ominus$-T 关系图

应式(5-5)～式(5-8)的 $\Delta_r G_T^\ominus$ 的变化受温度的影响很小，在所研究的温度范围内反应式（5-6）和式（5-8）不能发生，其余的反应均有可能发生，这表明除了钴、锰的正硅酸盐外，镍的正硅酸盐和锰的偏硅酸盐在研究的温度范围内均可以被氯化，氯化的趋势为：镍的正硅酸盐小于锰的偏硅酸盐。由图 5-3 和 $\Delta_r G_T^\ominus$-T 计算可知，随着温度的提高，反应式（5-9）、式（5-10）和式（5-11）进行的趋势越来越小，而反应式（5-12）进行的趋势越来越大。从图 5-4 和 $\Delta_r G_T^\ominus$-T 计算可以看出，当温度控制在 800K 以下时反应式（5-19）是不能发生的。反应式（5-20）在 400K 以上就不能发生。反应式（5-21）在所研究的温度范围内无法发生。而其他的反应在所研究的范围内均可以发生，但是随着反应温度的提高，反应进行的趋势都是越来越小。这说明镍、钴、锰的氧化物在所研究的温度范围内均可以被氯化，而铁的氧化物很难被氯化。同时，蛇纹石被氯化而生成的氯化镁在 800K 以下时不可能分解。反应式（5-16）和式（5-18）产生的氯气也可能会参与氯化反应，但是由于 MnO_2 和 Mn_2O_3 在图 2-1 中并未出现，因此即使有氯气生成，其量相对于实验中氯化氢的量也是很小的，故氯气与主要物质的氯化反应可以忽略不计。

由矿石原料矿相分析研究（见图 2-1）可知，本书所研究矿物主要以铁酸盐为主，镍钴等主要存在铁氧化物矿相中，当镍、钴、锰的铁酸盐被氯化后，铁主要以三氧化二铁的形式存在。三氧化二铁的氯化产物是氯化铁和水蒸气，氯化铁分为气相和固相两种。当产物氯化铁为固相时，在 400K 以上就无法氯化。当产物氯化铁为气相时，在所研究的温度范围内氯化反应均不可能发生。所以控制一定的焙烧温度，三氧化二铁在所研究的温度范围内是不能或不易被氯化的。蛇纹石被氯化后镁主要以氯化镁的形式存在，但由于其氯化反应进行的趋势比镍和锰的硅酸盐更小，因此其生成的氯化镁的量不多。

综合氯化焙烧可能发生的反应及其热力学计算可知，在氯化时只要控制好工艺条件，是可以实现选择性氯化，实现有价金属与杂质金属的分离。使用水浸出时，镍、钴、锰等有价金属浸出，而铁、镁很少浸出。

5.2.2 实验条件的确定

参考相关文献，结合探索性试验及理论分析，确定红土镍矿低温氯化氢氯化焙烧—水浸出的主要工艺条件范围如下：

（1）焙烧温度：热力学计算表明焙烧的温度对氯化效果影响显著。焙烧温度过低，在相应时间范围内反应进行得不够完全，导致浸出率很低；焙烧温度过高，不但无法实现选择性氯化，而且会导致金属氯化物的分解，降低镍、钴等元素浸出率。本实验中氯化焙烧温度分别设定为200℃、300℃、400℃和500℃。

（2）焙烧时间：焙烧时间对氯化效果有很大影响。焙烧时间不足，将不能保证有足够的接触反应时间，使氯化反应进行得不完全；焙烧时间过长，不但会导致生产成本提高，而且增加杂质元素的浸出率。本实验中选定的氯化焙烧时间分别是15min、30min、45min和60min。

（3）氯化氢气体流速：不同的HCl流速会在一定的浸出时间内对浸出率有不同的影响，这是因为气体流速的增加在动力学上会消除气固反应中外扩散对浸出的影响。因此，实验选定HCl气体流速为20mL/min、40mL/min、60mL/min、80mL/min和100mL/min。

（4）氯化氢水蒸气分压比：矿石中的金属元素氯化后产生金属氯化物和水蒸气，因此控制一定分压比可以提高有价金属镍钴与杂质金属的分离系数，但在一定氯化条件下，水蒸气分压的增加会导致浸出率降低。实验考察通入纯HCl、HCl：H_2O(9：1)、HCl：H_2O(8：2)、HCl：H_2O(7：3)和HCl：H_2O(6：4)。

（5）矿物粒度：利用氯化氢气体在中低温度氯化焙烧红土镍矿的反应是气固多相反应过程，随着矿物粒度的减小，气固反应的接触面积增大，有利于提高浸出率。本实验使用的红土镍矿样品的粒度为小于0.15mm、小于0.1mm、小于0.074mm和小于0.05mm。

5.2.3 结果与讨论

5.2.3.1 焙烧温度对浸出率及镍铁比（Ni/Fe）、镍镁比（Ni/Mg）的影响

实验采用粒度为小于 0.074mm 的红土镍矿样品，设定温度分别在 200℃、300℃、400℃、500℃下进行氯化焙烧，HCl 气体流速为 80mL/min，控制通入 HCl 气体的时间为 30min，考察焙烧温度对各种金属浸出率及 Ni/Fe、Ni/Mg 的影响，结果如图 5-5 和图 5-6 所示。

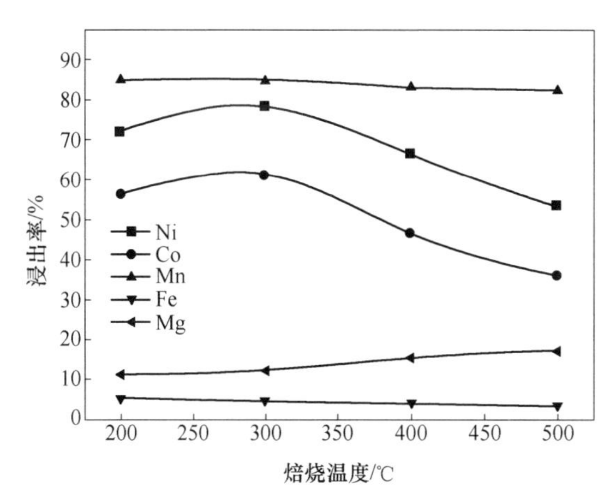

图 5-5 焙烧温度对 Ni、Co、Mn、Fe、Mg 浸出率的影响

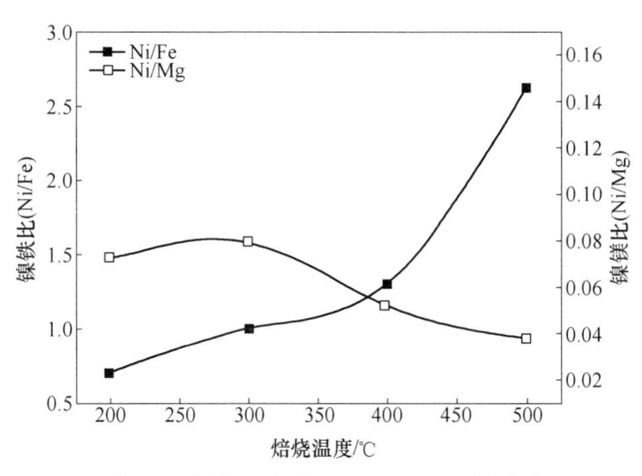

图 5-6 焙烧温度对 Ni/Fe、Ni/Mg 的影响

从图 5-5 可以看出，随着焙烧温度的提高，Ni、Co、Mn 的浸出率呈现出先上升后下降趋势。即当焙烧温度从 200℃升至 300℃时，Ni 的浸出率从 72%增大

到78%，Co的浸出率从56%增大到60%，Mn的浸出率从84%升至85%，而后Ni、Co、Mn的浸出率都开始下降。从热力学计算式（5-13）~式（5-15）和图5-4中式（5-13）~式（5-15）可以发现，随着焙烧温度的升高，镍、钴、锰的氯化物稳定性均开始降低，即生成该氯化物的趋势降低，但实验结果在300℃时镍、钴、锰浸出率均出现了极大值，这是因为矿相发生了改变而使得其与氯化氢气体的气固接触更为容易而导致其浸出率上升。锰的浸出率始终在85%左右是因为在铁酸盐中，铁酸锰氯化趋势是最大的。由于钴只有其铁酸盐可以被氯化而其硅酸盐在所研究的温度内是不可能被氯化的，而根据第2章矿物矿相及成分研究表明，钴有相当部分存在于硅酸盐中，因此钴的浸出率最大只有60%左右，造成了钴的浸出率偏低。镁的浸出率随温度上升略有增加这是因为镁在矿料中相对其他金属元素大量存在，尽管根据热力学计算其氯化物稳定性随温度升高逐渐降低，但从动力学上其在一定反应时间内大量反应还是会造成一定量的镁被浸出。铁的浸出随焙烧温度的升高逐渐下降，这是由其热力学稳定性低造成的，氯化铁在124℃以上即不能稳定存在（见式（5-20）），所以即使反应生成大量的氯化铁也可以在较短时间内分解掉一部分，因此铁的氯化率较低，达到了选择氯化的目的。

由图5-6可以看出，随焙烧温度的升高镍铁比（Ni/Fe）逐渐增加，相对于原矿的0.058有了显著提高，实现了镍铁一定程度的分离富集，但当焙烧温度超过300℃以后，尽管镍铁比（Ni/Fe）增加，但镍的浸出率过低，对镍的提取无意义。镍镁比（Ni/Mg）从原矿的0.0782升至300℃焙烧下的0.0825，随后开始下降，这是因为镍的浸出率在300℃以后开始降低，而镁的浸出率小幅上升。综合考虑，氯化焙烧温度以300℃为宜。

5.2.3.2　焙烧时间对浸出率及镍铁比（Ni/Fe）、镍镁比（Ni/Mg）的影响

实验采用粒度为小于0.074mm的红土镍矿样品，焙烧温度为300℃，HCl气体流速为80mL/min，考察焙烧时间对各种金属浸出率及Ni/Fe、Ni/Mg的影响，结果如图5-7和图5-8所示。

从图5-7可以看出，随着焙烧时间的增加，Ni、Co、Mn的浸出率逐渐增加，在焙烧时间为30min时达到各自的最大值。由于氯化反应是在气固相之间反应的，需要充分的接触，因此必须保证足够的反应时间才可以使反应充分进行，但时间超过30min后，浸出率无显著增加。Mg由于其在矿石中含量较大，在较短时间内就可以达到较大的浸出率，因此其浸出曲线较为平缓。而氯化铁在该温度下热力学不稳定，因此越多的反应时间会导致更多的氯化铁分解，因此铁的浸出是逐渐降低的。

从图5-8可以看出，镍铁比（Ni/Fe）是显著增加的，这是因为氯化铁在

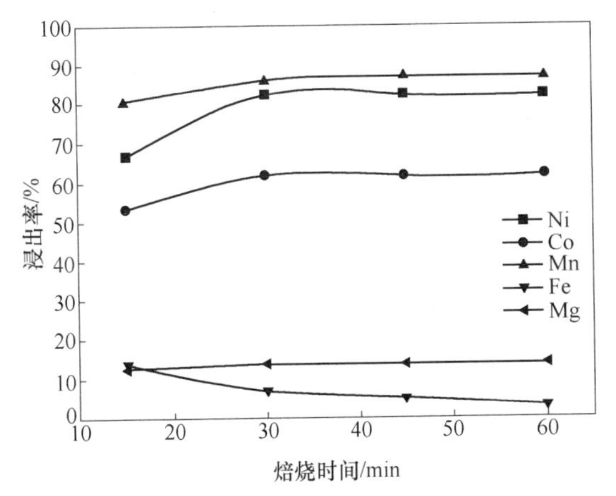

图 5-7 焙烧时间对 Ni、Co、Mn、Fe、Mg 浸出率的影响

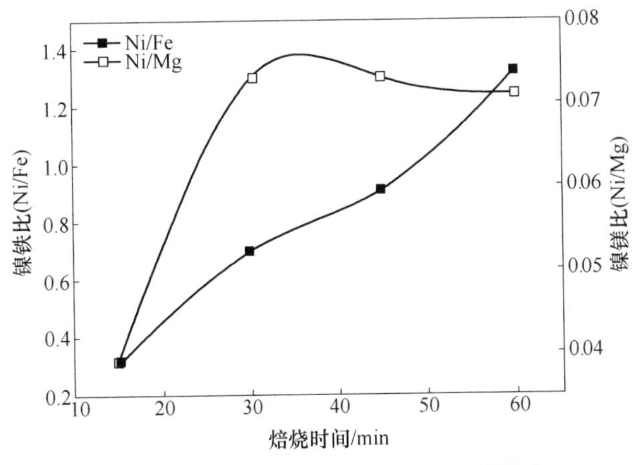

图 5-8 焙烧时间对 Ni/Fe、Ni/Mg 的影响

该温度下不稳定，随焙烧时间的增加，铁的浸出率逐渐降低，而镍的浸出率保持不变，所以 Ni/Fe 逐渐增加。由于反应时间在达到 30min 后，Ni 和 Mg 的浸出率基本保持不变，因此 Ni/Mg 30min 后也基本保持不变。确定最佳反应时间为 30min。

5.2.3.3 HCl 气体流速对浸出率及镍铁比（Ni/Fe）、镍镁比（Ni/Mg）的影响

实验采用粒度为小于 0.074mm 的红土镍矿样品，焙烧温度为 300℃，焙烧时间 30min，考察不同 HCl 气体流速对各种金属浸出率及 Ni/Fe、Ni/Mg 的影响，结果如图 5-9 和图 5-10 所示。

由图 5-9 可以看出，随着 HCl 气体流速从 20mL/min 增加至 80mL/min，在相

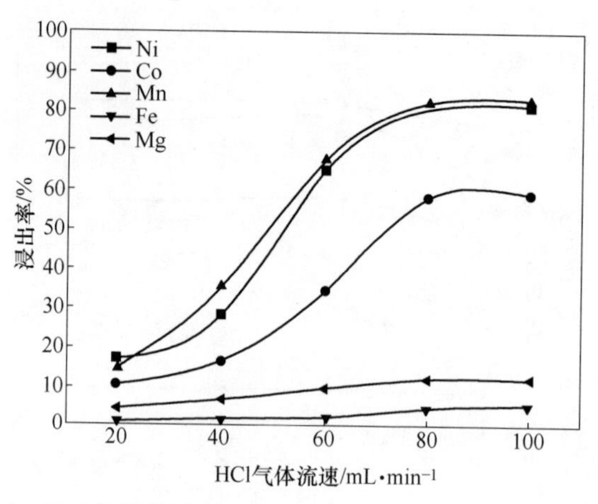

图 5-9　HCl 气体流速对 Ni、Co、Mn、Fe、Mg 浸出率的影响

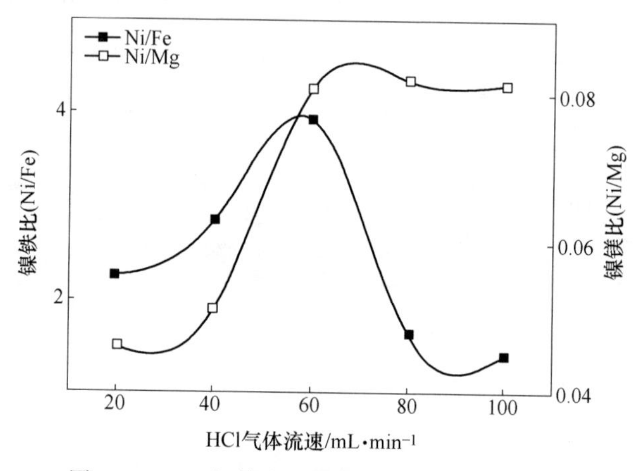

图 5-10　HCl 气体流速对 Ni/Fe、Ni/Mg 的影响

同的氯化时间内，各金属元素浸出率逐渐增加，当流速增大至 100mL/min，浸出率无明显增加。其表明在 HCl 气体流速不小于 80mL/min 后，外扩散影响尽管没有被完全消除，但被显著的降低。图 5-10 表明，在气体流速为 60mL/min 时，镍铁比和镍镁比相对于原矿达到最大值，但由于在此气体流速下，镍、钴等浸出率也较低，因此，气体流速以 80mL/min 为宜。

5.2.3.4　HCl/H_2O 分压对浸出率及镍铁比（Ni/Fe）、镍镁比（Ni/Mg）的影响

实验采用粒度小于 0.074mm 的红土镍矿样品，焙烧温度为 300℃，焙烧时间 30min，HCl 气体流速为 80mL/min，同时通入水蒸气，控制通入 HCl 气体与水蒸气的分压，考察不同气体分压比 HCl/H_2O 对各种金属浸出率及 Ni/Fe、Ni/Mg 的影响，结果如图 5-11 和图 5-12 所示。

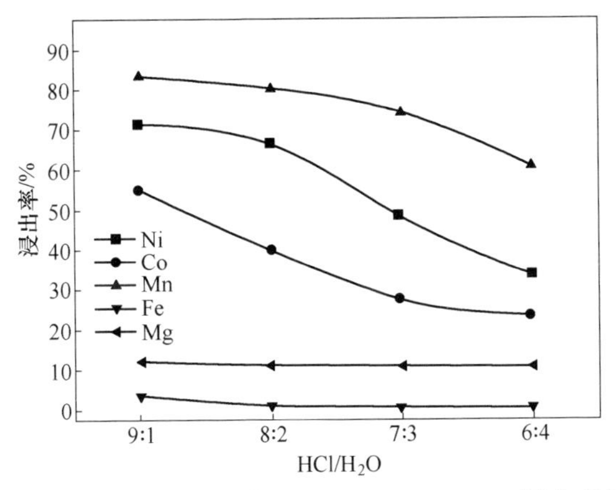

图 5-11 HCl/H_2O 分压比对 Ni、Co、Mn、Fe、Mg 浸出率的影响

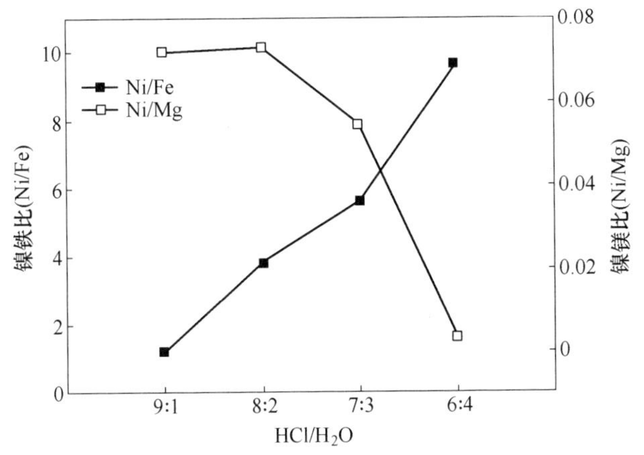

图 5-12 分压比 HCl/H_2O 对 Ni/Fe、Ni/Mg 的影响

由图 5-11 可以看出，相比较仅通入 HCl，增加一定量水蒸气后，各种金属元素的浸出率均有下降，并且随着水蒸气的分压越大，其浸出率下降就越大。其中 Ni、Co 的浸出率下降较多，Mn 的浸出率有一定程度的降低，这是由于水蒸气分压的增加而导致气相中 HCl 压力降低。在反应器中温度较高，在一定反应时间内 HCl 与矿石中有价元素碰撞机会降低导致其浸出率下降，而 Mg 在矿石中含量较高，因此受影响不大，无明显降低。从图中可以看出，Fe 的浸出率降低最为明显，降至 1%以下。通过热力学计算发现，在该反应温度下，分压比 HCl/H_2O 分别为 9∶1、8∶2、7∶3、6∶4 时反应式（5-20）的反应吉布斯自由能分别为 57.007kJ/mol、70.283kJ/mol、79.877kJ/mol 和 88.405kJ/mol，导致氯化铁在该温度下热力学不稳定性增加，说明水蒸气的存在抑制了反应式（5-20）的正向进行，使得 Fe 的浸出显著降低。从图 5-12 可以发现镍铁比（Ni/Fe）提升很大，

Ni/Mg 由于 Ni 的浸出受到抑制而降低。尽管 Ni/Fe 显著提升，但 Ni 的浸出率降低不利于整个工艺的经济性，因此仍然选择采用通入纯 HCl 作为氯化剂。

5.2.3.5　矿料粒度对浸出率及镍铁比（Ni/Fe)、镍镁比（Ni/Mg）的影响

利用 HCl 气体在中低温氯化焙烧红土镍矿的反应是气体与固体的多相反应过程，在其他条件相同的情况下，随着矿物粒度的减小，反应气体与矿物接触的表面积增大，降低了内扩散阻力，因此在相同反应时间内有价金属的浸出率提高。

实验控制焙烧温度为 300℃，HCl 气体流速为 80mL/min，焙烧时间 30min，考察不同粒度矿料对各种金属浸出率及 Ni/Fe、Ni/Mg 的影响，结果如图 5-13 和图 5-14 所示。

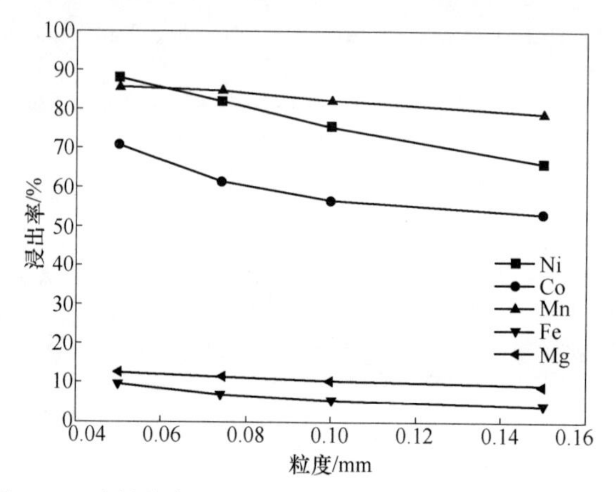

图 5-13　矿料粒度对 Ni、Co、Mn、Fe、Mg 浸出率的影响

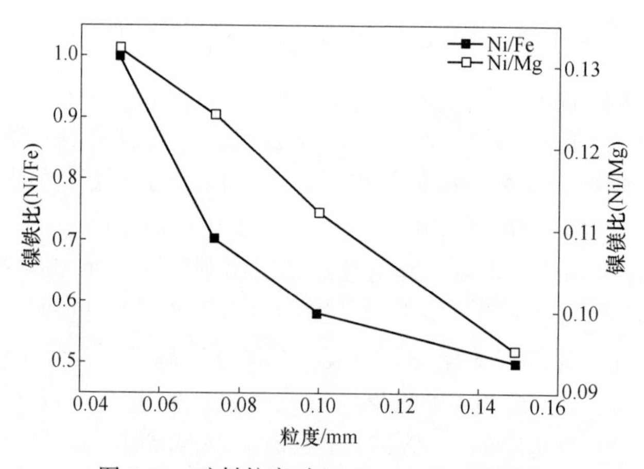

图 5-14　矿料粒度对 Ni/Fe、Ni/Mg 的影响

从图 5-13 可以看出，矿料粒度的减小增加了多相反应的接触面积，有利于

金属元素的浸出，其中 Ni 和 Co 的浸出率上升更为明显，这是因为红土镍矿中 Ni、Co 等存在的矿相在矿石中是以微细包裹体、针状或细脉集合体嵌布在其他矿相中，因此粒度越细越容易将这些富含有价金属 Ni、Co 的矿相从包裹的矿相中剥离出来参加气固反应。而含量相对较高的 Fe、Mg 等杂质的浸出率对粒度的变化反应并不明显，无显著的增加，Ni/Fe、Ni/Mg 随着 Ni 的浸出率增加相应增加（见图 5-14）。

5.2.4 正交实验

在单因素实验基础上，仅考察温度（A）、时间（B）、HCl 气体流速（C）、粒度（D）和 HCl/H_2O 分压（E）五个因素对浸出的影响。根据单因素实验可知为保证一定镍浸出率，需使用纯氯化氢进行焙烧实验，选用正交表 $L_{16}(4^5)$，实验设计及结果见表 5-1。由结果分析可知，对镍金属浸出影响由大至小依次为：焙烧温度，气体流速，焙烧时间，粒度。各因素最优水平分别为 A_2，B_3，C_4，D_3。这与单因素实验结果基本一致。

表 5-1 正交实验结果

序号	因素					Ni 浸出率/%
	A/℃	B/min	C/mL · min^{-1}	D/mm	E	
1	200	15	40	0.15	100	41.4
2	200	30	60	0.1	100	65.2
3	200	45	80	0.074	100	75.5
4	200	60	100	0.05	100	78.7
5	300	15	60	0.05	100	60.2
6	300	30	40	0.074	100	68.7
7	300	45	100	0.1	100	80.2
8	300	60	80	0.15	100	78.6
9	400	15	80	0.1	100	58.8
10	400	30	100	0.15	100	61.9
11	400	45	40	0.05	100	53.2
12	400	60	60	0.074	100	63.3
13	500	15	100	0.074	100	50.1
14	500	30	80	0.05	100	57.2
15	500	45	60	0.15	100	48.9
16	500	60	40	0.1	100	44.3

续表 5-1

序号	因素					Ni 浸出率/%
	A/℃	B/min	C/mL · min^{-1}	D/mm	E	
k_1	65.2	52.625	51.9	57.7		
k_2	71.925	63.25	59.4	62.125		
k_3	59.3	64.45	67.525	64.4		
k_4	50.125	66.225	67.725	62.325		
R	21.8	13.6	15.825	6.7		

5.3　中温氯盐焙烧实验研究

以固体氯化物作为氯化剂与矿料混在一起加热焙烧，尽管需要较高的温度，但是由于是固固相接触直接混合，操作工艺简单，氯化剂选择种类多，氯离子利用率高，有价金属浸出率高，同时避免了直接通入氯化氢气体对实验装置有较高的密封要求和防腐要求。本实验以氯化镁、氯化钠、氯化钙中的一种或几种氯化物复配作为氯化剂，反应如下：

$$MCl_2(s) + H_2O(g) \xlongequal{} 2HCl(g) + MO(s)\text{（M 代表金属 Na、Mg 或 Ca）} \tag{5-24}$$

5.3.1　热力学分析

以固体氯化物作为氯化剂进行红土镍矿氯化焙烧，根据可能发生的化学反应列出反应式，并利用《兰氏化学手册》[4]、《实用无机物热力学数据手册》[5]和《矿物及有关化合物热力学数据手册》[6]提供的数据来计算 NaCl、$MgCl_2$、$CaCl_2$ 与水蒸气反应生成 HCl 的吉布斯自由能 $\Delta_r G_T^{\ominus}$ 和温度 T 的关系，并作图。计算公式如下所示：

$$2NaCl(s) + H_2O(g) \xlongequal{} 2HCl(g) + Na_2O(s) \tag{5-25}$$

$$\Delta_r G^{\ominus} = 460697 - 112T(\text{J/mol}) \quad (298 \sim 1074\text{K})$$

$$MgCl_2(s) + H_2O(g) \xlongequal{} 2HCl(g) + MgO(s) \tag{5-26}$$

$$\Delta_r G^{\ominus} = 95523 - 116T(\text{J/mol}) \quad (298 \sim 987\text{K})$$

$$CaCl_2(s) + H_2O(g) \xlongequal{} 2HCl(g) + CaO(s) \tag{5-27}$$

$$\Delta_r G^{\ominus} = 217860 - 116T(\text{J/mol}) \quad (298 \sim 1055\text{K})$$

$$2NaCl(s) + SiO_2(s) + H_2O(g) \xlongequal{} 2HCl(g) + Na_2O \cdot SiO_2(s) \tag{5-28}$$

$$\Delta_r G^{\ominus} = 164577 - 104T(\text{J/mol}) \quad (298 \sim 1074\text{K})$$

$$MgCl_2(s) + SiO_2(s) + H_2O(g) \xlongequal{} 2HCl(g) + MgO \cdot SiO_2(s) \qquad (5\text{-}29)$$

$$\Delta_r G^{\ominus} = -4982 - 109T(\mathrm{J/mol}) \qquad (298 \sim 987\mathrm{K})$$

$$CaCl_2(s) + SiO_2(s) + H_2O(g) \xlongequal{} 2HCl(g) + CaO \cdot SiO_2(s) \qquad (5\text{-}30)$$

$$\Delta_r G^{\ominus} = 65453 - 112T(\mathrm{J/mol}) \qquad (298 \sim 1055\mathrm{K})$$

根据反应式及计算结果按照第 3 章 3.2.2 节步骤绘制 $\Delta_r G_T^{\ominus}$-T 图，结果如图 5-15 和图 5-16 所示。

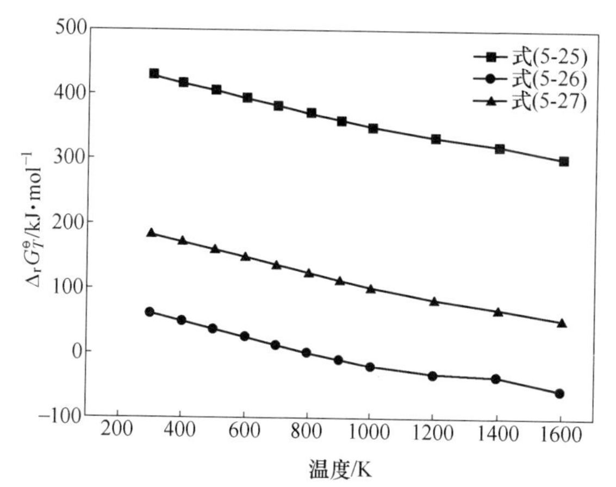

图 5-15　反应式（5-25）~式（5-27）的 $\Delta_r G_T^{\ominus}$-T 关系图

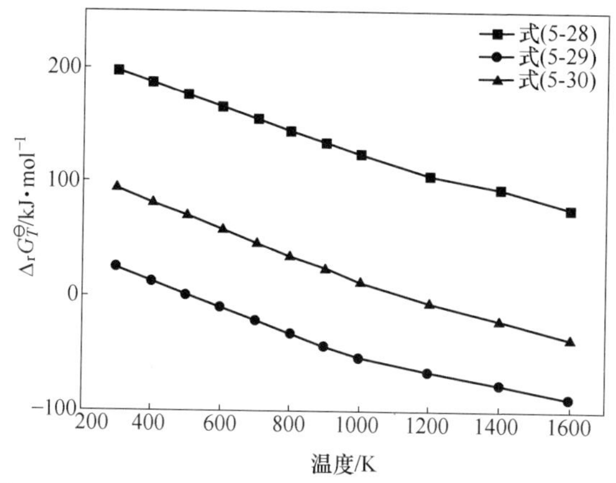

图 5-16　反应式（5-28）~式（5-30）的 $\Delta_r G_T^{\ominus}$-T 关系图

由图 5-15 可以看出，按照反应式（5-25）~式（5-27）的反应机理在所选温度范围内生成氯化氢，当温度超过 823K 时氯化镁可作为氯化剂，而氯化钠、氯化钙不能有效地参加反应生成氯化氢；由图 5-16 可以看出，按照反应式（5-28）~式（5-30）的反应机理在所选温度范围内生成氯化氢，氯化镁可以作为氯化剂参加反应，氯化钙在焙烧温度超过 583K 时可以作为氯化剂，而氯化钠不能作为氯化剂参加反应。同时，由于在 1000K 左右，氯化钠、氯化镁以及氯化钙均会发生熔化，因此其 $\Delta_r G_T^{\ominus}$-T 图在此处发生转折，但趋势未变。

5.3.2 实验条件的确定

根据探索性试验及热力学理论分析，确定红土镍矿中温氯盐焙烧-水浸出的主要工艺条件范围如下：

（1）氯化剂种类的选择：实验选择 NaCl、$MgCl_2$、$CaCl_2$ 中的某一种或两种复配作为氯化剂，考察不同氯化剂对 Ni、Co、Mn、Fe、Mg 浸出率和 Ni/Fe、Ni/Mg的影响，并对氯化机理进行研究。

（2）氯化剂量的选择：考察氯化剂的使用量分别为 0.5g、1g、1.5g、2g，对 Ni、Co、Mn、Fe、Mg 浸出率和 Ni/Fe、Ni/Mg 的影响。

（3）氯化温度：通过对氯化剂氯化反应热力学的计算及氯化机理的研究，选择合适的温度区间，考察不同焙烧温度对 Ni、Co、Mn、Fe、Mg 浸出率和 Ni/Fe、Ni/Mg 的影响。

（4）焙烧时间：根据实验 5.2.3.2 结果，结合氯盐焙烧实验特点，考察焙烧时间 0.5h、1h、1.5h、2h、2.5h、3h 对 Ni、Co、Mn、Fe、Mg 浸出率和 Ni/Fe、Ni/Mg 的影响。

（5）矿物粒度：利用固体氯化剂分解产生 HCl 涉及气固多相反应，矿物粒度的减小有利于增加气固反应的接触面积，有利于浸出率的提高。实验考察不同粒度矿料对 Ni、Co、Mn、Fe、Mg 浸出率和 Ni/Fe、Ni/Mg 的影响。

5.3.3 结果与讨论

5.3.3.1 氯化剂种类对浸出率及镍铁比（Ni/Fe）、镍镁比（Ni/Mg）的影响

实验称取粒度小于 0.074mm 红土镍矿矿料 8g，放置在瓷坩埚内，分别加入含有相同氯离子量的 NaCl（C1）、$MgCl_2 \cdot 6H_2O$（C2）、$CaCl_2$（C3）以及 NaCl+$MgCl_2 \cdot 6H_2O$（C4）（质量比 0.4）作为氯化剂，加水混合均匀，将坩埚放置到升到 900℃的马弗炉内焙烧 1.5h，取出后用 pH=1.2 的酸化水在 80℃下浸出，测的 Ni、Co、Mn、Fe、Mg 浸出率和 Ni/Fe、Ni/Mg 如图 5-17 和图 5-18 所示。

由图 5-17 可以看出，不同的氯化剂对镍、钴、锰、铁、镁的浸出率有着比较大的差异，其中氯化钙与氯化镁的氯化效果相当，氯化钠的氯化效果最差，这一结果与热力学计算结果基本一致，而氯化镁加氯化钠复配氯化剂的氯化效果最好。

由图 5-18 可以看出，氯化镁作为氯化剂时镍铁比由原矿的 0.0581 上升至

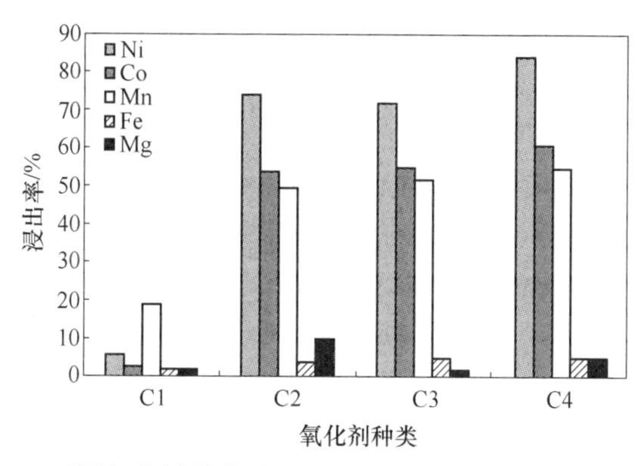

图 5-17 不同氯化剂种类对 Ni、Co、Mn、Fe、Mg 浸出率的影响

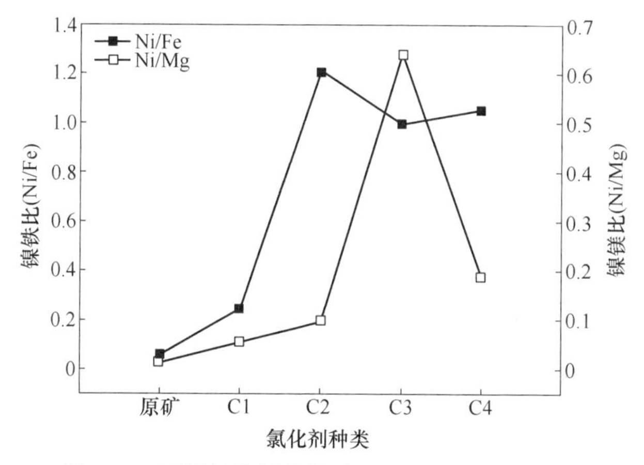

图 5-18 不同氯化剂种类对 Ni/Fe、Ni/Mg 的影响

1.544，显著降低了后续净化除杂工序的处理量。尽管氯化镁与氯化钠复配氯化剂的镍铁比不如氯化镁的高，只有 1.089，但与原矿的 0.0581 相比提高了 18 倍，但其镍浸出率为几种氯化剂中最高，达到了 84%，综合考虑镍、钴浸出率及镍铁、镍镁比，选择氯化镁与氯化钠复配盐（C4）作为实验用氯化剂。

5.3.3.2 氯化剂用量对浸出率及镍铁比（Ni/Fe）、镍镁比（Ni/Mg）的影响

实验称取粒度小于 0.074mm 红土镍矿矿料 8g，放置在瓷坩埚内，分别加入 C4 氯化剂 0.5g、1g、1.5g、2g，加水混合均匀，将坩埚放置到升到 900℃ 的马弗炉内焙烧 1.5h，取出后用 pH = 1.2 的酸化水在 80℃ 下浸出，氯化剂质量对 Ni、Co、Mn、Fe、Mg 浸出率和 Ni/Fe、Ni/Mg 的影响，如图 5-19 和图 5-20 所示。

由图 5-19 可以看出，随着氯化剂质量的增加，镍、钴、锰、铁、镁的浸出

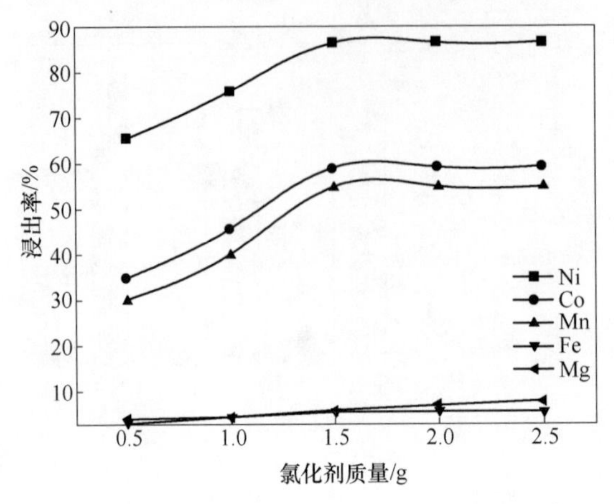

图 5-19　氯化剂质量对 Ni、Co、Mn、Fe、Mg 浸出率的影响

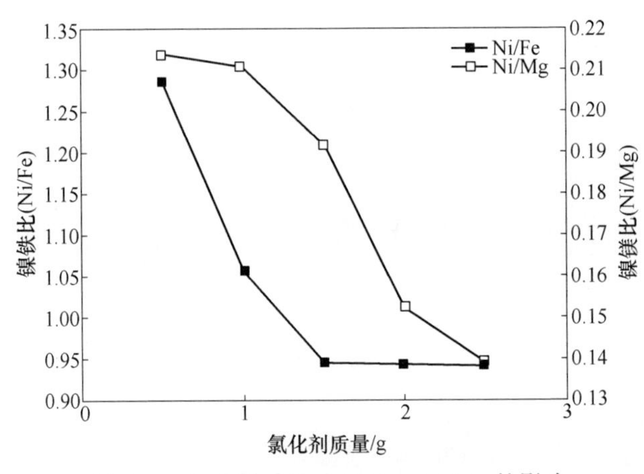

图 5-20　氯化剂质量对 Ni/Fe、Ni/Mg 的影响

率也随之增加，当用量增加至 1.5g 时，浸出率达到最大值，用量继续增加，浸出率无显著增加。但由图 5-20 可以看出，随着氯化剂用量的增加，镍铁比逐渐降低，说明氯化剂用量的增加对铁的浸出影响更为显著。而镍镁比的降低主要是由于增加了氯化剂中氯化镁的量导致。尽管镍铁比和镍镁比均降低，为了保持一定镍、钴浸出率，仍然选择氯化剂用量 1.5g 为最佳用量。

5.3.3.3　焙烧温度对浸出率及镍铁比（Ni/Fe）、镍镁比（Ni/Mg）的影响

实验称取粒度小于 0.074mm 红土镍矿矿料 8g，放置在瓷坩埚内，分别加入 C4 氯化剂 1.5g，加水混合均匀，将坩埚放置到升到预订温度的马弗炉内焙烧 1.5h，取出后用 pH=1.2 的酸化水在 80℃下浸出，考察不同焙烧温度对 Ni、Co、Mn、Fe、Mg 浸出率和 Ni/Fe、Ni/Mg 的影响，如图 5-21 和图 5-22 所示。

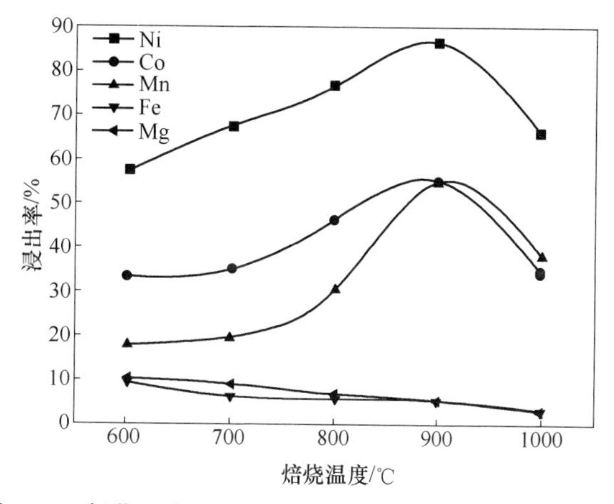

图 5-21 氯化温度对 Ni、Co、Mn、Fe、Mg 浸出率的影响

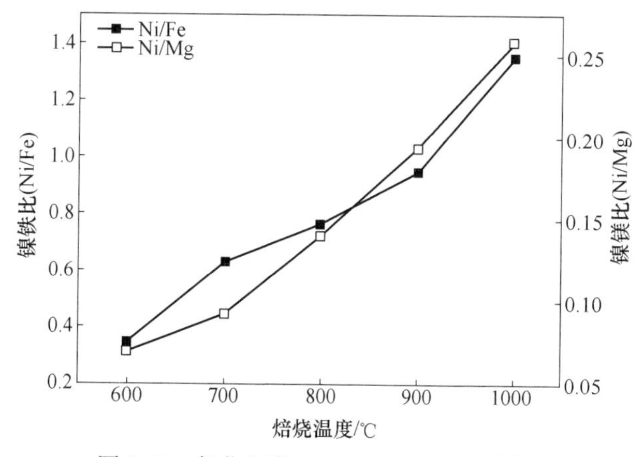

图 5-22 氯化温度对 Ni/Fe、Ni/Mg 的影响

氯化焙烧温度对有价金属浸出率有着显著的影响。由图 5-21 可以看出，随着焙烧温度从 600℃升高至 900℃，镍、钴、锰的浸出率显著提高，而铁的浸出率则逐渐降低。当温度超过 900℃，达到 1000℃时，镍、钴、锰的浸出率则明显降低，并且铁的浸出率降至 2%左右。由反应式（5-25）~式（5-30）的热力学计算公式和图 5-15、图 5-16 可以看出，焙烧温度增加有利于氯化剂中氯化氢的产生，而氯化氢的生成非常有利于有价金属的氯化反应。尽管从热力学分析计算的结果上可以得出焙烧温度的升高将会导致有价金属氯化物的分解，但在一定的氯化氢和水蒸气存在的条件下，在一定的反应时间内，有价金属氯化物可以稳定存在，以简单氧化物反应进行的热力学计算只能作为参考。

图 5-22 表明，焙烧温度的增加可以使杂质铁和镁的浸出率显著降低，因此镍铁比、镍镁比逐渐增加。当焙烧温度为 1000℃时，尽管镍的浸出率开始下降，

但铁的浸出率下降的程度更大，导致镍铁比达到最大，即 1.39。综合考虑镍、钴等的浸出率，实验选择 900℃ 为最佳焙烧温度。

5.3.3.4 矿料粒度对浸出率及镍铁比（Ni/Fe）、镍镁比（Ni/Mg）的影响

实验称取粒度小于 0.15mm、小于 0.1mm、小于 0.074mm、小于 0.05mm 的红土镍矿矿料各 8g，放置在瓷坩埚内，分别加入 C4 氯化剂 1.5g，加水混合均匀，将坩埚放置到升到 900℃ 马弗炉内焙烧 1.5h，取出后用 pH = 1.2 的酸化水在 80℃ 下浸出，考察粒度对 Ni、Co、Mn、Fe、Mg 浸出率和 Ni/Fe、Ni/Mg 的影响，如图 5-23 和图 5-24 所示。

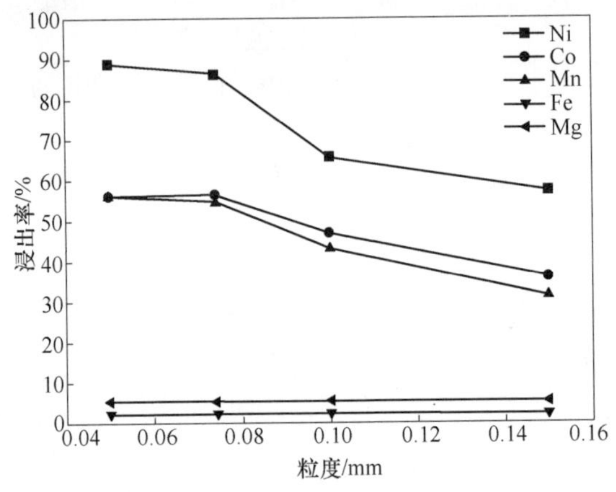

图 5-23 粒度对 Ni、Co、Mn、Fe、Mg 浸出率的影响

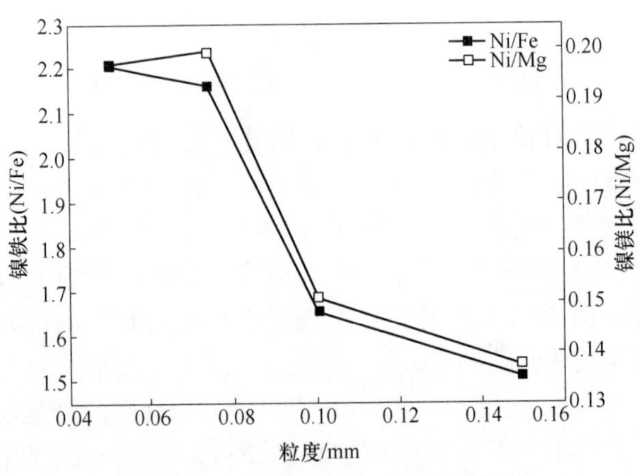

图 5-24 粒度对 Ni/Fe、Ni/Mg 的影响

由图 5-23 可以看出，粒度对有价金属的浸出率有着一定的影响。这是因为在反应过程中产生了氯化氢气体，粒度的减小导致更大的反应界面，有利于气固

反应的进行，因而随着粒度的减小浸出率逐渐增加。但当矿料粒度降至小于0.05mm时，浸出率相对小于0.074mm浸出率无明显增加。由于矿料中铁和镁含量较高，含铁、含镁固相与氯化氢气体接触充分，因此粒度大小对铁、镁的浸出率无显著影响，随着粒度的减小，铁、镁浸出率略有增加。从图5-24可以看出，降低粒度有利于镍铁比、镍镁比的增加，但当粒度降至小于0.074mm时，无更大程度的增加。因此综合考虑成本因素，粒度以小于0.074mm为宜。

5.3.3.5 焙烧时间对浸出率及镍铁比（Ni/Fe)、镍镁比（Ni/Mg）的影响

实验称取粒度小于0.074mm红土镍矿矿料8g，放置在瓷坩埚内，分别加入C4氯化剂1.5g，加水混合均匀，将坩埚放置到温度升到600℃、700℃、800℃、900℃、1000℃的马弗炉内进行焙烧，取出后用pH=1.2的酸化水在80℃下浸出，考察不同焙烧时间对Ni、Co、Mn、Fe、Mg浸出率和Ni/Fe、Ni/Mg的影响，如图5-25~图5-30所示。

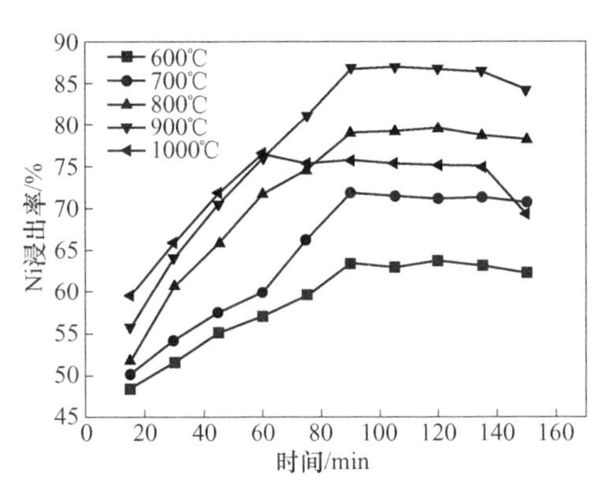

图5-25 焙烧时间对Ni浸出率的影响

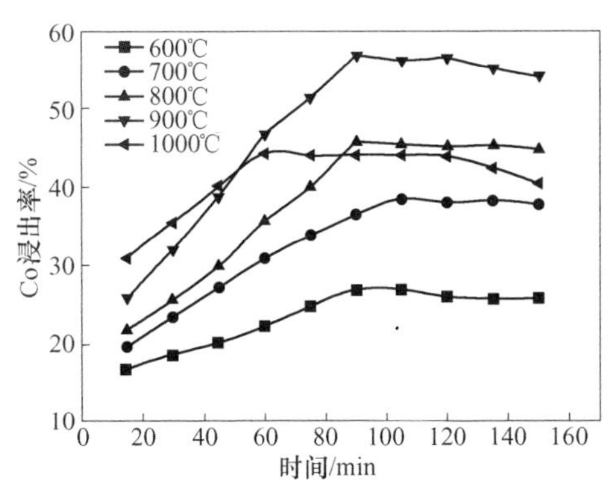

图5-26 焙烧时间对Co浸出率的影响

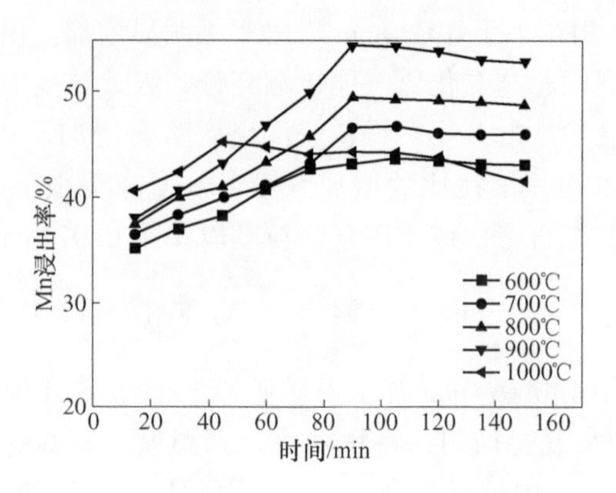

图 5-27 焙烧时间对 Mn 浸出率的影响

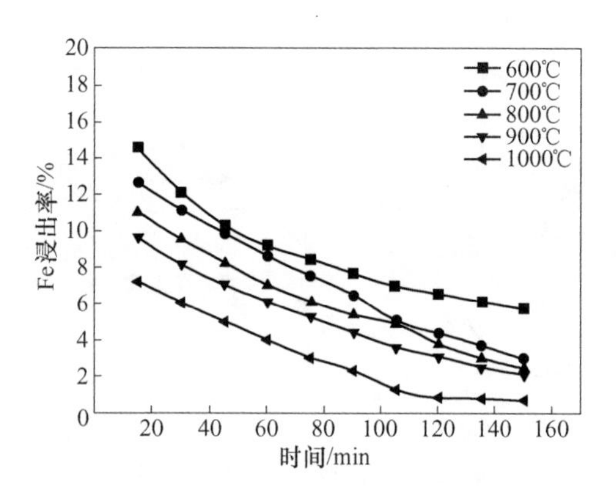

图 5-28 焙烧时间对 Fe 浸出率的影响

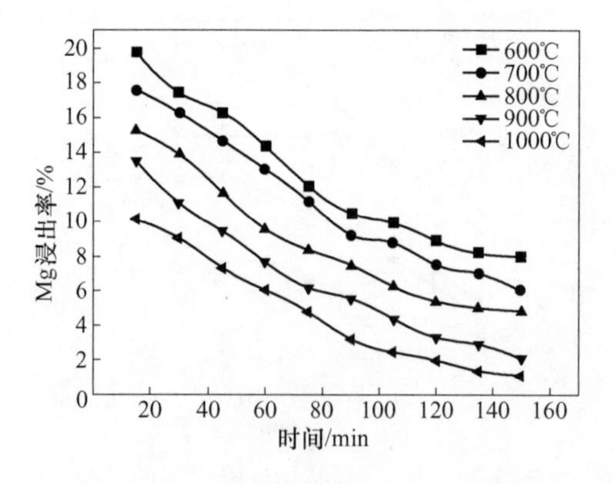

图 5-29 焙烧时间对 Mg 浸出率的影响

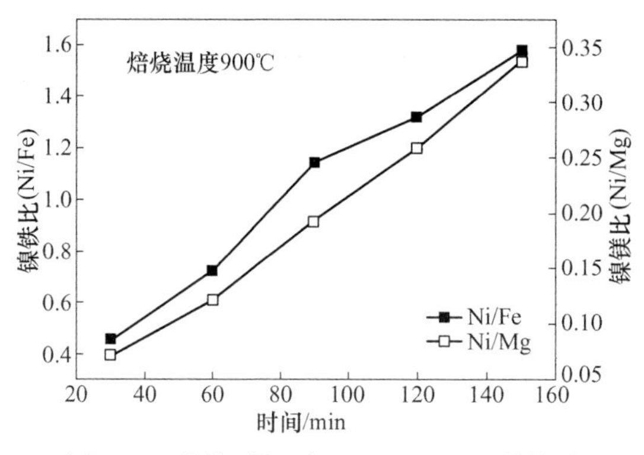

图 5-30　焙烧时间对 Ni/Fe、Ni/Mg 的影响

根据低温氯化氢气体焙烧实验可知，焙烧时间的长短直接影响镍、钴等金属的浸出率。由图 5-25～图 5-27 可以看出，尽管焙烧温度不同，但当焙烧时间为 1.5h 时，镍、钴、锰等的浸出率达到最大值，焙烧时间继续增加，已经形成氯化物的镍、钴等金属元素伴随着氯化氢的逸出或压力降低而重新分解成氧化物，导致其浸出率有所降低。当温度超过 900℃达到 1000℃时，当焙烧时间为 1h 时，镍、钴等浸出率即达到了最大值，但分别也只有 75%和 45%左右，远低于 900℃焙烧温度下的最大值。这主要是因为当焙烧温度达到 1000℃时，超过了氯化镍的沸点 973℃，导致生成了部分氯化镍等蒸气逸出造成浸出率低，并且过高的焙烧温度导致镍、钴等氯化物更容易分解生成氧化物。由图 5-25～图 5-27 还可以发现，当焙烧时间超过 1.5h，随着焙烧温度的增高，镍、钴等浸出率下降速度也会相应地加快。在 1000℃焙烧下，焙烧 1h 后浸出率即开始下降并且下降速度明显超过其他焙烧温度的下降速度。

从图 5-28 和图 5-29 可以看出，由于氯化铁和氯化镁的分解温度和沸点相对其他有价金属元素氯化物都较低，因此无论在什么温度下进行焙烧，焙烧时间越长，铁和镁的浸出率越低。从图 5-30 可以看出，尽管当焙烧时间达到 2.0h 和 2.5h 时，镍的浸出率下降了很多，但由于铁和镁的浸出率下降更多，因此镍铁比和镍镁比仍然随着焙烧时间的增加进一步提高。为了保证镍、钴的浸出率，焙烧时间以不超过 1.5h 为宜。

5.3.4　正交实验

在单因素实验基础上，仅考察焙烧温度（A）、焙烧时间（B）、粒度（C）、氯化剂用量（D）和氯化剂种类（E）五个因素对浸出的影响。由于氯化剂种类根据单因素实验可知 $NaCl+MgCl_2 \cdot 6H_2O$(C4)（质量比 0.4）作为氯化剂，效果最好，因此为保证一定镍浸出率，氯化剂种类不变，所有实验均以 C4 作为氯化剂，选用正交表 $L_{16}(4^5)$，实验设计及结果见表 5-2。由结果分析可知，对镍金属浸出影响由大至小依次为焙烧温度、焙烧时间、氯化剂用量、粒度。这是因为在中温氯盐焙烧实验中由于氯化剂与矿混合十分均匀，因此粒度对浸出率影响不如低温氯化焙烧实验。各因素最优水平分别为 A_3、B_3、C_4、D_4，与单一因素实验基本一致。综合分析单一因素实验，考虑成本等因素，最优工艺条件为 A_3、B_3、C_3、D_2即可。

表 5-2　正交实验结果

序号	因素					Ni 浸出率/%
	A/℃	*B*/h	*C*/mm	*D*/g	*E*	
1	700	0.5	0.15	1	C4	46.3
2	700	1	0.1	1.5	C4	58.2
3	700	1.5	0.074	2	C4	72.5
4	700	2	0.05	2.5	C4	64.9
5	800	0.5	0.05	1.5	C4	64.1
6	800	1	0.074	1	C4	65.2
7	800	1.5	0.1	2.5	C4	79.2
8	800	2	0.15	2	C4	61.2
9	900	0.5	0.1	2	C4	64.8
10	900	1	0.15	2.5	C4	79.7
11	900	1.5	0.05	1	C4	84.3
12	900	2	0.074	1.5	C4	71.7
13	1000	0.5	0.1	2.5	C4	69.1
14	1000	1	0.05	2	C4	78.8
15	1000	1.5	0.15	1.5	C4	63.4
16	1000	2	0.1	1	C4	50.3
k_1	60.35	61.075	62.65	61.525		
k_2	67.425	70.475	63.125	64.35		
k_3	75.125	74.85	69.625	69.325		
k_4	65.4	62.025	73.025	73.225		
R	14.775	13.775	10.375	11.7		

5.3.5　氯化机理研究

固体氯化剂与物料中的组分发生作用主要有三种途径：即氯化剂受热离解析

出氯气参加氯化反应；氯化剂直接与物料组分发生交互作用；氯化剂在其他组分的作用下分解析出氯气或氯化氢气体。但 NaCl、$CaCl_2$、$MgCl_2$等固体氯化剂都是相当稳定的氯化物，在一般的焙烧温度下使它们热离解几乎是不可能的。例如，NaCl、$CaCl_2$等在 N_2气流中即使加热到 1000℃也不会分解，因此，固体氯化剂受热离解析出 Cl_2参加反应的途径其实可以排除[7]。

尽管固体氯化剂与物料组分的交互作用直接氯化不容易发生，但热力学计算表明在高温下其可能性还是存在的。然而由于交互反应是在接触不良的固体之间进行，反应速度会大大的受到限制，因此固体氯化剂与组分交互反应终究不是固体氯化剂氯化作用的主要途径，尤其在中温氯化焙烧的条件下更是如此。

因此，固体氯化剂的氯化作用主要是通过其他组分尤其是气体组分的作用，使之分解出 Cl_2或 HCl 来实现的。但在中温氯化焙烧的情况下，在中性或还原性气氛中进行，固体氯化剂的分解主要是靠水蒸气进行水解产生 HCl 来产生氯化作用。对比图 5-15 和图 5-16 以及反应式（5-25）~式（5-30）可以发现，SiO_2的存在对水解反应具有很大的促进作用。

尽管由热力学计算氯化钠作为氯化剂并不能产生氯化氢气体，但由图 5-17 和图 5-18 可以看出，氯化钠作为氯化剂，仍可以部分氯化红土镍矿中的金属元素。这是因为将红土镍矿矿料与氯化剂投入反应炉后，矿物本身由于在高温下发生新矿相生成导致原有矿相被破坏，致使更多的具有一定活性的、被包覆的镍和钴等元素氧化物暴露于反应晶格界面上，同时氯化剂本身在逐步升温过程中产生一定量的氯化氢，因此镍、钴、锰、铁、镁也具有一定的浸出率。另外，由于氯化钠在 800℃左右开始熔化，固体氯化剂也可以直接与氧化物发生交互反应[8]，并且液态氯化钠很容易进入到矿物颗粒毛细孔洞的深处，与更多的镍、钴等发生反应，导致其氯化。

由热力学计算结果图 5-15 和图 5-16 可知，氯化镁作为氯化剂的氯化效果最好。这是因为六水氯化镁的中心镁原子结合的 6 个水分子可分为 3 种：第一种结合较松弛，水分子游离在离中心 Mg 原子最远处，且与中心 Mg 原子的库仑力最小；第二种结合状态适中；最后一种两个水分子离中心 Mg 原子最近，且与中心 Mg 原子的库仑力最大。氯化镁水合物脱水及分解反应的平衡分压及自由能变化见表 5-3。存在的反应式如下所示[9~12]：

（1）35~115℃：

$$MgCl_2 \cdot 6H_2O(s) \longrightarrow MgCl_2 \cdot 4H_2O(s) + 2H_2O(g) \tag{5-31}$$

（2）90~170℃：

$$MgCl_2 \cdot 4H_2O(s) \longrightarrow MgCl_2 \cdot 2H_2O(s) + 2H_2O(g) \tag{5-32}$$

（3）130~210℃：

$$MgCl_2 \cdot 2H_2O(s) \longrightarrow MgCl_2 \cdot H_2O(s) + H_2O(g) \tag{5-33}$$

（4）130~220℃：

$$MgCl_2 \cdot 2H_2O(s) \longrightarrow MgOHCl(s) + HCl(g) + H_2O(g) \quad (5\text{-}34)$$

（5）220~300℃：

$$MgCl_2 \cdot H_2O(s) \longrightarrow MgCl_2(s) + H_2O(g) \quad (5\text{-}35)$$

（6）230~290℃：

$$MgCl_2 \cdot H_2O(s) \longrightarrow MgOHCl(s) + HCl(g) \quad (5\text{-}36)$$

（7）300~500℃：

$$MgCl_2(s) + H_2O(g) \longrightarrow MgOHCl(s) + HCl(g) \quad (5\text{-}37)$$

（8）300~714℃：

$$MgOHCl(s) \longrightarrow MgO(s) + HCl(g) \quad (5\text{-}38)$$

$$MgCl_2(s) + H_2O(g) \longrightarrow MgO(s) + 2HCl(g) \quad (5\text{-}39)$$

表 5-3　氯化镁水合物脱水及分解反应的平衡分压及自由能变化

反　应	压强 p（101325Pa）；$\Delta_r G_T^{\ominus}$/J
式（5-31）	$\lg p_{H_2O} = -3012/T + 7.09$；$\Delta_r G_T^{\ominus} = 115311.04 - 271.42T$(35 ~ 115℃)
式（5-32）	$\lg p_{H_2O} = -3430/T + 7.39$；$\Delta_r G_T^{\ominus} = 131314.84 - 282.92T$(90 ~ 170℃)
式（5-33）	$\lg p_{H_2O} = -3330/T + 6.45$；$\Delta_r G_T^{\ominus} = 63178.4 - 123.51T$(130 ~ 210℃)
式（5-34）	$\lg(p_{HCl} \cdot p_{H_2O}) = -6820/T + 12.39$；$\Delta_r G_T^{\ominus} = 130540.8 - 237.2T$(130 ~ 220℃)
式（5-35）	$\lg p_{H_2O} = -4000/T + 6.60$；$\Delta_r G_T^{\ominus} = 76567.2 - 125.52T$(220 ~ 300℃)
式（5-36）	$\lg p_{HCl} = 3520/T + 5.94$；$\Delta_r G_T^{\ominus} = 67362.4 - 113.72T$(230 ~ 290℃)
式（5-37）	$\lg(p_{HCl}/p_{H_2O}) = 360/T - 0.45$；$\Delta_r G_T^{\ominus} = -6903.6 + 8.62T$(300 ~ 500℃)
式（5-38）	$\lg p_{HCl} = -5140/T + 6.35$；$\Delta_r G_T^{\ominus} = 98407.68 - 121.59T$(300 ~ 714℃)
式（5-39）	$\lg(p_{HCl}^2/p_{H_2O}) = -4780/T + 5.9$；$\Delta_r G_T^{\ominus} = 91504.08 - 112.97T$(300 ~ 714℃)

反应式（5-37）可以看作是反应式（5-35）与式（5-36）的联合，通过表 5-3 中式（5-37）平衡分压及自由能关系式可以计算出氯化镁水解的最低 p_{HCl}/p_{H_2O} 比。因此通过计算可以发现当温度超过 300℃时，$MgCl_2 \cdot H_2O$ 水解反应的 HCl 分压远比其脱失时的 H_2O 分压要高，因此伴随着 HCl 不断被消耗，$MgCl_2 \cdot H_2O$ 水解反应将优先进行。当 HCl 分压达到 101325Pa 时，可以从该反应的 $\lg p_{HCl}$-T 关系式算出，其分解温度为 828K。表明高于 828K，氯化镁水解产生的 MgOHCl 将按反应式（5-38）完全转变成 MgO。因此，六水氯化镁在脱水过程中，不会像热力学计算的那样在 828K 之后才会完全脱水而发生反应产生氯化氢，而是在不同阶段的温度下就会脱去一定的水分子并发生副反应，即在脱水过程中产生氯化氢，因此导致整个氯化过程中不断地产生氯化氢，有利于对矿物中有价金属的氯化。

如图 5-31 所示，在 131.93℃、166.56℃、210.96℃、426.59℃和 711.09℃

处有明显的吸热峰出现，并结合 TG 线可以分析得出如反应式（5-31）和式(5-32)所示，氯化镁在 185℃以上就开始分解产生出氯化氢与矿料发生反应，因此在矿料与氯化剂的混料加入反应炉中开始升温阶段即会产生氯化氢发生氯化反应，并且随着反应温度的升高，氯化氢是逐步生成的，而不是集中在某个时间区间内释放出来，这样有利于矿石氯化，同时降低了由于氯化氢大量产生而来不及发生氯化反应就逸出的可能性，提高了氯离子的利用率。所以，氯化镁作为氯化剂对矿料中金属元素的浸出率较高（见图 5-17）。

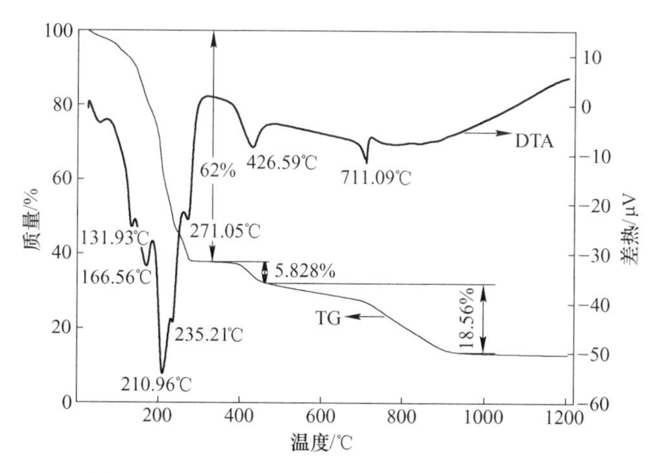

图 5-31　C2（六水氯化镁）与矿料混料差热图

通过热力学计算可知，氯化钙作为氯化剂在所选温度范围内可以有效产生氯化氢，尽管热力学计算结果表明氯化钙不如氯化镁分解趋势大，但由图 5-17 可以发现，氯化钙作为氯化剂其氯化效果却与氯化镁相当，这是因为氯化钙在给定的水蒸气压力下能产生较高分压的氯化氢[13]。同时，通过对比图 5-32 与图 5-31 可以发现，氯化钙与矿料混料差热图并无明显的吸热、放热峰和较大的失重，说明在整个升温过程中氯化剂的分解和脱水情况较为平缓，跨度较大，因此有利于氯化氢的产生和有价金属氯化反应的发生[14]。

氯化镁与氯化钠复配氯化剂在所选氯化剂中氯化效果最好，这不仅是因为从热力学计算上分析得出结论氯化镁氯化效果最好，而且是因为加入了氯化钠，氯化镁与氯化钠相互间形成低共熔点共晶混合物，由图 5-33 可以看出，氯化镁和氯化钠形成的最低共熔点温度降至 430℃左右，相比氯化镁 712℃的熔点，显著降低，这样可以使氯化剂在较低的温度下熔化，形成的液态氯化剂深入矿料毛细孔洞深处或穿过固相表面，增加了反应界面面积，提高了浸出率。由图 5-34 与图 5-31 比较可以发现，图 5-34 中在 197.58℃和 486.05℃处多了两个吸热峰，说明在此处发生化学反应或相态的变化。因此导致整个氯化氢产生的过程延长和温度范围扩大，有价金属氯化率显著提高。

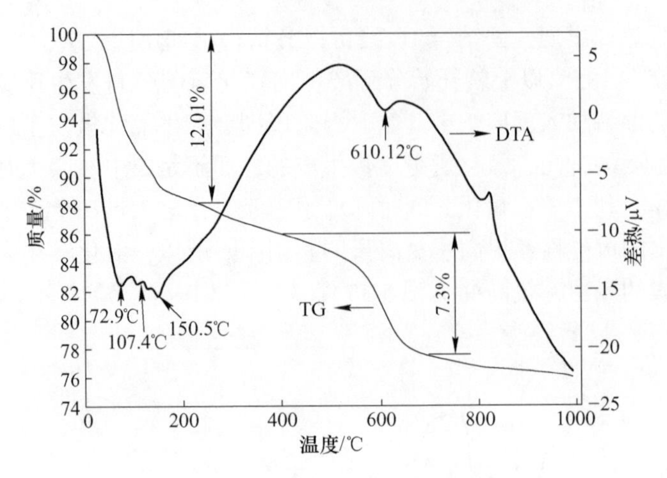

图 5-32　C3（氯化钙）与矿料混料差热图

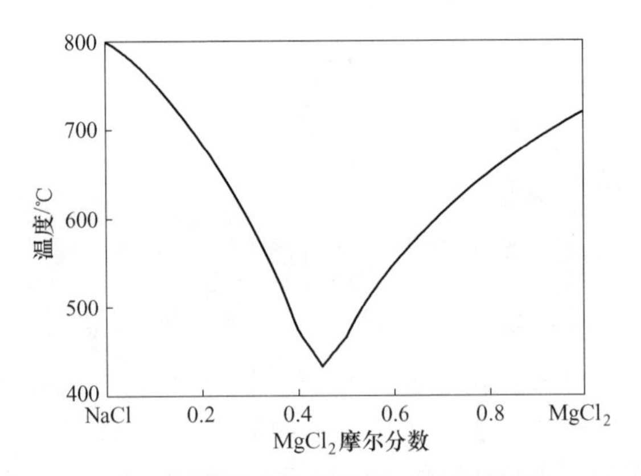

图 5-33　氯化镁和氯化钠二元共晶相图

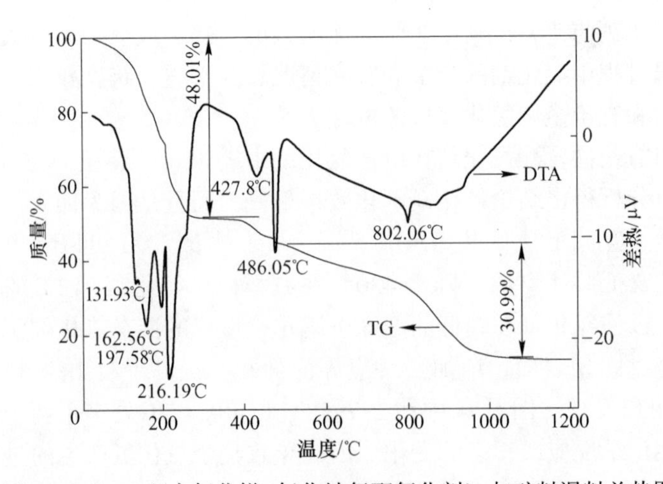

图 5-34　C4（六水氯化镁+氯化钠复配氯化剂）与矿料混料差热图

图 5-35 所示为六水氯化镁与氯化钠复配氯化剂（C4）在不同焙烧温度下焙烧 1h 后的 XRD 图。由图中曲线 1 可以看出，在 290℃焙烧时，C4 氯化剂中出现了 NaOH 和 $MgCl_2$物相，说明在此温度时部分氯化剂即发生了 $MgCl_2 \cdot 6H_2O$ 脱水和 NaCl 生成氯化氢的反应；由曲线 2 可以看出，在 490℃焙烧时，生成了 Na_2O 和 $MgCl_2 \cdot 2H_2O$ 物相，说明脱水反应进一步完成；而当焙烧温度为 810℃时，由曲线 3 可以看出，在氯化剂中仍然存在 NaCl 和 $Mg_2Cl(OH)_5$物相，表明在此温度下 C4 氯化剂仍可作为氯化剂不断生成氯化氢参加氯化反应，并且$Mg_2Cl(OH)_5$物仍可以脱水保证氯化过程中一定的水蒸气分压，抑制反应式（5-25）~式（5-30）平衡向左移动，提高有价金属元素浸出率。因此，C4 复配氯化剂较其他氯化剂在一个更为宽的温度范围内产生氯化氢，这将十分有利于提高有价金属的浸出率。所以，六水氯化镁和氯化钠复配氯化剂在本研究中被使用。

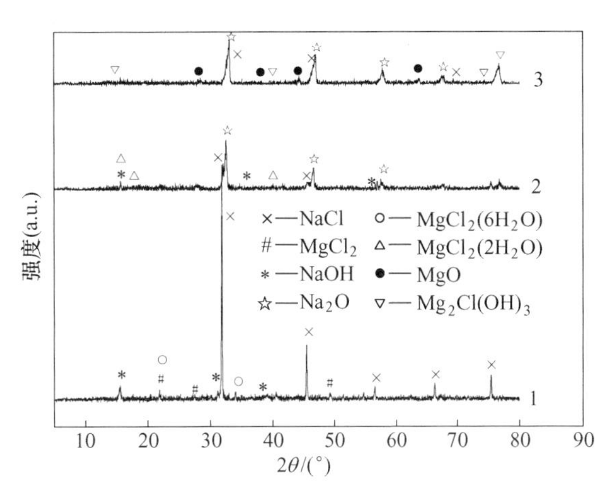

图 5-35 六水氯化镁、氯化钠复配氯化剂不同温度焙烧 XRD 图

1—290℃；2—490℃；3—810℃

5.3.6 氯化动力学研究

由氯化机理可以知道，氯化的过程为氯化剂受热分解产生氯化氢气体，氯化氢气体扩散至矿料表面与镍、钴等金属发生氯化反应并形成固体产物层，氯化氢气体通过产物层扩散至未反应的矿料表面发生氯化反应。这可以用气-固反应的未反应收缩核模型进行描述。在中温氯盐焙烧动力学研究中，主要考察温度对红土镍矿中镍、钴氯化速率的影响。

5.3.6.1 镍氯化动力学研究

由图 5-36 中的数据绘制出图 5-37。由图 5-37 可以看出，不同焙烧温度下，$1-3(1-a)^{2/3}+2(1-a)$ 与反应时间 t 都呈线性关系，由此表明整个镍的氯化过程符合未反应收缩核模型，且呈现固体产物层内扩散控制特征。对不同焙烧温度下的 $1-3(1-a)^{2/3}+2(1-a)-t$ 曲线进行线性回归，得到相关氯化反应速率常数见表 5-4。

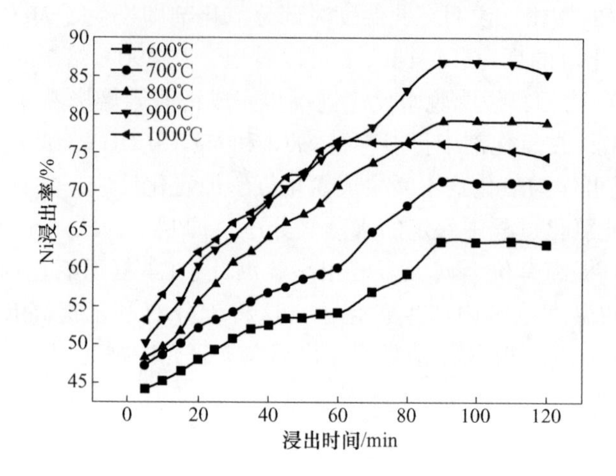

图 5-36　温度对镍浸出率的影响

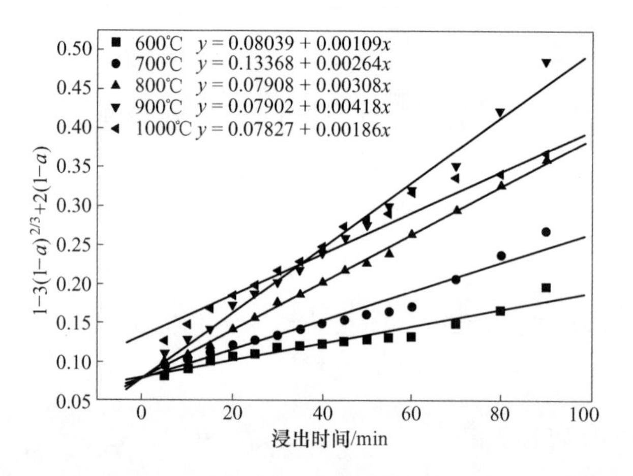

图 5-37　不同温度下镍 $1-3(1-a)^{2/3}+2(1-a)$ 与时间关系图

表 5-4　不同温度下镍氯化速率常数

焙烧温度 T/K	T^{-1}/K^{-1}	综合速率常数 K/min^{-1}	$\ln K$
873.15	1.145×10^{-3}	1.2×10^{-3}	−6.722
973.15	1.028×10^{-3}	2.19×10^{-3}	−6.121
1073.15	9.318×10^{-4}	3.08×10^{-3}	−5.783
1173.15	8.524×10^{-4}	4.18×10^{-3}	−5.477

由表 5-4 可绘制镍氯化反应 ln$K$-T^{-1}关系图，如图 5-38 所示，将其线性回归，依据直线斜率求得镍氯化反应的表观活化能为 16.469kJ/mol。

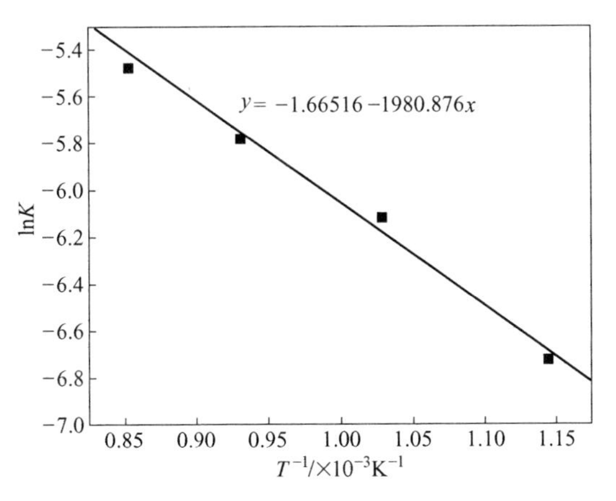

图 5-38 镍氯化反应 ln$K$-T^{-1}关系图

5.3.6.2 钴氯化动力学研究

由图 5-39 绘制出图 5-40。由图 5-40 可知，不同焙烧温度下，$1-3(1-a)^{2/3}+2(1-a)$ 与反应时间 t 皆呈线性关系，由此表明整个钴的氯化过程符合未反应收缩核模型，且呈现固体产物层内扩散控制特征。对不同焙烧温度下的 $1-3(1-a)^{2/3}+2(1-a)-t$ 曲线进行线性回归，得到相关氯化反应速率常数见表 5-4。

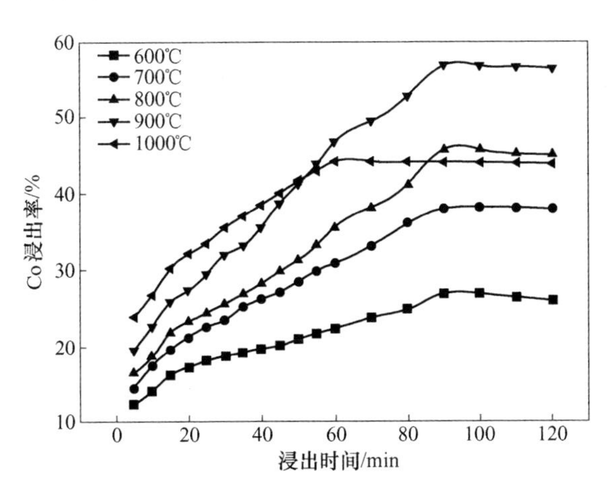

图 5-39 温度对钴浸出率的影响

由表 5-5 可绘制钴氯化反应 ln$K$-T^{-1}关系图，如图 5-41 所示，将其线性回归，依据直线斜率求得钴氯化反应的表观活化能为 32.792kJ/mol。

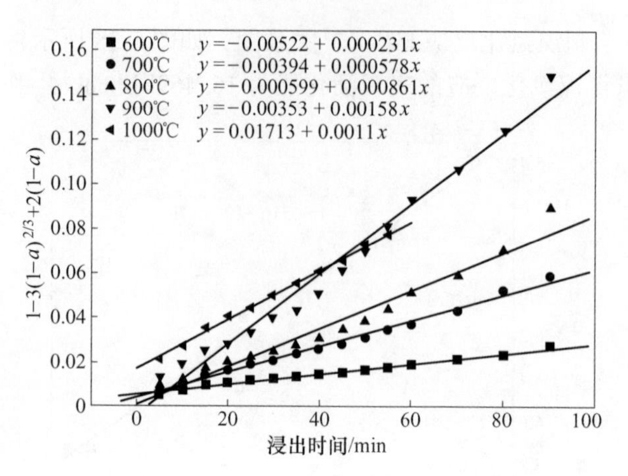

图 5-40　不同温度下钴 $1-3(1-a)^{2/3}+2(1-a)$ 与时间关系图

表 5-5　不同温度下钴氯化速率常数

焙烧温度 T/K	T^{-1}/K^{-1}	综合速率常数 K/min^{-1}	ln$K$
873.15	1.145×10^{-3}	2.31×10^{-4}	−8.373
973.15	1.028×10^{-3}	5.78×10^{-4}	−7.456
1073.15	9.318×10^{-4}	8.61×10^{-4}	−7.057
1173.15	8.524×10^{-4}	1.58×10^{-3}	−6.45

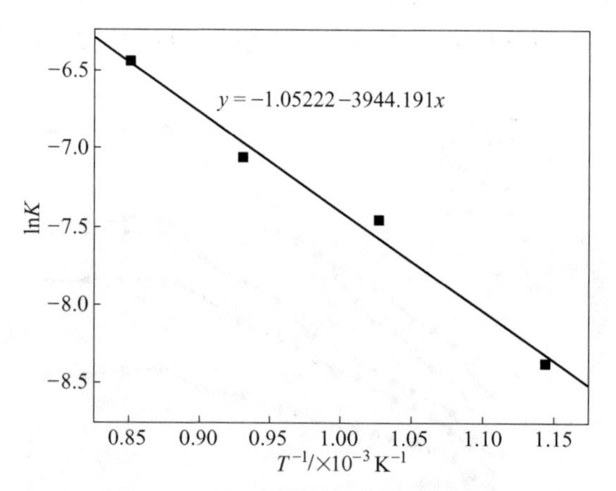

图 5-41　钴氯化反应 ln$K$-T^{-1}关系图

5.4　本章小结

(1) 通过热力学计算可知，利用不同金属元素氯化物在热力学稳定性的差异，氯化焙烧可以有效地提取红土镍矿中的镍、钴并实现有价金属与杂质金属的分离，降低了后续的净化除杂步骤的处理量，减少了损耗。

（2）实验表明低温通入氯化氢气体进行氯化焙烧可以有效提取镍钴和抑制铁镁的浸出，其最佳工艺为：矿物粒度小于0.074mm，焙烧温度300℃，氯化氢气体流速不小于80mL/min，焙烧时间不少于30min，镍浸出率可达80.6%左右，钴浸出率为60%左右，铁的浸出率为5%，镍铁比相对原矿提高了约15倍，镍镁比相对原矿提高了约8倍。

（3）尽管在热力学上存在着焙烧温度超过657℃会导致镍、钴氯化物分解的可能，但实践表明采用加入固体氯化剂进行中温氯化焙烧可以有效提取镍钴，并抑制杂质铁镁的浸出，其最佳工艺条件为：矿物粒度小于0.074mm，以氯化钠和六水氯化镁复配盐作为氯化剂（质量比0.4），氯化剂加入量为矿料的18%，焙烧温度900℃，焙烧时间1.5h，镍浸出率可达85%左右，钴浸出率为60%左右，铁的浸出为4%，镍铁比相对原矿提高了约20倍，镍镁比提高约15倍。动力学实验表明镍、钴的氯化反应属于未反应收缩核模型，镍和钴的氯化反应表观活化能分别为16.469kJ/mol和32.792kJ/mol。氯化机理研究结果表明氯化钠和六水氯化镁复配盐（质量比0.4）氯化效果最好，不仅通过热力学计算表明氯化镁氯化效果最好，而且由于加入氯化钠，复配盐具有更低的共熔点温度，可以使氯化剂在较低温度下熔化渗入矿料内部，并且能够在较宽温度范围内产生氯化氢气体，避免了集中释放而无法有效氯化有价金属。

（4）低温氯化焙烧主要存在着氯化氢气体容易逸出，对设备防腐和密封要求较高、氯离子利用低等问题，但伴随着防腐材料的应用和对设备密封的加强以及整个工艺实现排放尾气的吸收再利用，低温氯化焙烧工艺有着很好的应用前景。

（5）中温氯化焙烧主要存在着能耗较高的问题，但该工艺可以避免低温氯化焙烧对环境潜在的危害，提高镍钴的浸出率的同时抑制了铁、镁的浸出，并且该工艺的相关数据的获得为氯化离析工艺提供了理论基础和实践经验，对其具有很好的指导作用。

参 考 文 献

[1] Mishra S K, Kanungo S B. Thermal dehyration and decomposition of Nickel chloride hydrate ($NiCi_2 \cdot xH_2O$)[J]. Journal of Thermal Analysis, 1992, 38 (3): 2417~2436.

[2] Kanungo S B, Mishra S K. Thermal dehydration and decomposition of $FeCl_3 \cdot xH_2O$ [J]. Journal of Thermal Analysis, 1996, 46 (3): 1487~1500.

[3] Fan Chuanlin, Zhai Xiujing, Fu Yan, et al. Kinetics of selective chlorination of pre-reduced li-

monitic nickel laterite using hydrogen chloride [J]. Minerals Engineering, 2011 (24): 1016~1021.

[4] 迪安 J A. 兰氏化学手册 [M]. 北京：科学出版社, 2003.

[5] 叶大伦, 胡建华. 实用无机物热力学数据手册 [M]. 北京：冶金工业出版社, 2002.

[6] 林传仙. 矿物及有关化合物热力学数据手册 [M]. 北京：科学出版社, 1985.

[7] 中南矿冶学院冶金研究室. 氯化冶金 [M]. 北京：冶金工业出版社, 1978：93~98.

[8] 叶国瑞, 徐家振, 贺家齐, 等. 氧化铜、氧化铅低温氯化的研究 [J]. 有色金属（冶炼部分), 1991 (1)：22~26.

[9] 张永健. 镁电解生产与工艺学 [M]. 长沙：中南大学出版社, 2006.

[10] 陈新民, 张平民, 叶大陆. 氯化镁水合物热分解的综合研究 [J]. 中南矿冶学院学报, 1979, (1)：21~26.

[11] 刘够生, 宋兴福, 王相田, 等. 六水氯化镁分子与电子结构的理论化学研究 [J]. 计算机与应用化学, 2005, 22 (7)：509~511.

[12] 刘积灵, 张玉坤. 无水氯化镁的制备技术及发展趋势 [J]. 无机盐工业, 2007, 39 (8)：10~12.

[13] 肖军辉. 某硅酸镍矿离析工艺试验研究 [D]. 昆明：昆明理工大学, 2007.

[14] Liu Wanrong, Li Xinhai, Hu Qiyang, et al. Pretreatment study on chloridizing segregation and magnetic separation of low-grade nickel laterites [J]. Transactions of Nonferrous Metals Society of China, 2010, 20 (S1)：82~86.

6 红土镍矿氯化离析—磁选机理及工艺实验研究

6.1 概述

本书所研究红土镍矿其主要成分为镁质蛇纹石型硅酸镍矿石，同时也有一部分褐铁矿型硅酸镍矿石，原矿中镍含量较低、矿石组成复杂、嵌布粒度细及处理难度大，采用氯化离析—磁选工艺可以将镍和铁离析后形成镍铁合金，而通过磁选之后将镍铁与硅酸盐分离，从而达到镍钴的富集并与主要杂质硅酸盐形成分离，降低后续工艺中化学试剂的消耗。本章针对氯化离析—磁选工艺及反应机理进行了研究。

6.1.1 离析机理

镍的离析反应类似铜的离析发生情况，可以分为三个阶段，即氯化氢气体的产生、氯化镍的生成、氯化镍的还原。其基本反应过程如下所示。

6.1.1.1 氯化氢气体的产生

关于氯化氢气体产生的机理，有较多的研究报道[1,2]。采用氯化钠、氯化镁、氯化钙或者其他卤化物盐类均可以使氧化镍矿石离析，但通常以氯化钙的效果最为有效。其道理虽然尚不完全清楚，但理由之一是氯化钙在给定的水蒸气压力下能产生较高分压的氯化氢。如在硅镁镍矿［$H_4(Mg,Ni)_2 \cdot (SiO_4) \cdot 4H_2O$］中，因含有游离的 SiO_2，近似于 $CaCl_2$-SiO_2系统，同时由于矿石中含有一定数量的结合水，在高温下，水蒸气在 SiO_2存在时会促进与氯化剂反应生成氯化氢气体[3]，并且这可以从第 5 章的热力学计算（见式（5-27）和式（5-30））结果对比和图 5-12、图 5-13 的对比看出，如下所示：

$$CaCl_2(s) + H_2O(g) \xlongequal{} 2HCl(g) + CaO(s) \tag{6-1}$$

$$\Delta_r G^{\ominus} = 217860 - 116T(J/mol)$$

$$CaCl_2(s) + SiO_2(s) + H_2O(g) \xlongequal{} 2HCl(g) + CaO \cdot SiO_2(s) \tag{6-2}$$

$$\Delta_r G^{\ominus} = 65453 - 112T(J/mol)$$

根据第 5 章实验所得结论，氯化镁与氯化钠复配作为氯化剂在氯化焙烧实验中取得了良好的效果，这是因为该氯化剂可以形成低熔点共晶混合物，且在较大的温度区间范围内均可产生水蒸气和氯化氢，机理详见 5.3.3.1 节。但是，在离析反应中水的作用机理研究还不够，在看法上也存在着分歧[4,5]。有些人认为水分参与离析反应，氯化钙的分解是在水分存在下进行的，在较少程度上是在氧存在下进行。而苏联的研究指出，在镍离析时，即使在系统中完全无水蒸气存在，也对镍的离析回收不发生影响，因此认为过程分为两阶段进行，其反应为：

在矿石层内　$$NiO(s) + CaCl_2(s) = NiCl_2(g) + CaO(s) \tag{6-3}$$

在还原剂表面　$$NiCl_2(g) + CaO(s) + C(s) = Ni(s) + CaCl_2(s) + CO(s) \tag{6-4}$$

由于交互反应是在接触不良的固体之间进行，反应速度会大大地受到限制，因此固体氯化剂与组分交互反应式（6-3）终究不是固体氯化剂氯化作用的主要途径。有些人甚至认为，水分的存在对离析反应不利，这是由于水分会带走相当部分的氯化氢气体，导致镍、钴的氯化无法顺利进行。

6.1.1.2　氯化镍、氯化钴的生成

镍离析过程的动力学研究指出，镍离析反应的情况大部分与铜相同，矿石中的氧化镍的氯化反应是整个离析反应过程的速度限制步骤。

在氯化阶段所产生的氯化氢气体作用下，矿石中的氧化镍和氧化钴氯化生成挥发性氯化镍：

$$NiO(s) + 2HCl(g) = NiCl_2(g) + H_2O(g) \tag{6-5}$$

$$CoO(s) + 2HCl(g) = CoCl_2(g) + H_2O(g) \tag{6-6}$$

尽管反应式（6-5）和式（6-6）的热力学计算表明，其 $\Delta_r G_T^{\ominus} < 0$ 要在温度小于 900K 情况下，但是实验结果表明上述反应在大于 900K 时也能发生，并以 1173 K 为最优反应温度（见第 5 章 5.3.3.3 节）。因此，氧化镍矿中的镍、钴等不能用简单的组分代表，这就使得镍离析过程的热力学考察复杂化。复杂的矿化作用和镍、钴的结合情况均会影响到矿石中氧化镍、氧化钴的活性，因此基于简单组分所进行的热力学计算，仅仅作为参考。

由于反应式（6-5）和式（6-6）所生成的氯化镍、氯化钴一经生成后便迅速地被氢还原而使气氛中 $NiCl_2$、$CoCl_2$ 的分压极低，因此水蒸气对于氧化镍和氧化钴氯化反应的有害影响将受到一定程度的限制。

6.1.1.3　氯化镍、氯化钴的还原

一般认为，氯化镍、氯化钴蒸气在炭粒表面被氢气还原产出金属镍钴，同时再生氯化氢，反应式如下：

$$NiCl_2(g) + H_2(g) = Ni(s) + 2HCl(g) \tag{6-7}$$

$$CoCl_2(g) + H_2(g) = Co(s) + 2HCl(g) \tag{6-8}$$

该反应是极为迅速的。

通常在离析反应器中采用中等还原气氛条件，在还原过程中镍富集在炭粒周围，有人在观察了离析的物理现象后认为，这种离析过程是由配入的氯化物和生成的氯化物形成混合熔体，生成的氯化物的气化并首先吸附在炭的表面上被氢还原为金属，紧接着在金属表面上吸附、还原和粒子长大等过程所组成的。

除矿石中的镍外，还有铁、钴以及其他元素都是以相同的机理析出，所以产品中粒子是合金。还原反应中氢的来源是炭质还原剂挥发分以及炭还原系统中的水蒸气。离析金属颗粒的镜下观察表明，其中含镍量平均为40%~70%。金属颗粒的成分取决于还原剂用量和所用氯化剂类型以及过程温度。

6.1.2 离析焙砂的处理

离析后的水淬焙砂处理一般可用浮选、磁选或者浮选与磁选联合工艺流程。由于镍或镍-铁的可浮性比铜要差，因此通常在浮选时加入一定数量的硫酸铜以活化金属镍。铜在溶液中经过与镍的交换反应，在镍的颗粒表明形成覆盖铜，即：

$$Ni + Cu^{2+} = Ni^{2+} + Cu \tag{6-9}$$

铜覆盖的镍颗粒能用黄药作为捕收剂来浮选。对镍离析的浮选研究表明，在浮选给料中需要添加3kg/t的硫酸铜活化金属镍。此外，硫化钠的用量、矿浆温度、pH值等对浮选过程也有一定的影响。

离析焙砂也可以用磁选富集，因为金属镍是铁磁性的（除了和定量的铁构成合金而形成的奥氏体外）。但磁选对于从高铁和褐铁矿型硅酸镍矿石所得的离析产品往往无效，因为离析焙烧时间还原条件不足以使大部分氧化铁还原成磁铁矿，所以分选过程的选择性很差。但磁选可以成功地提高浮选精矿品位。

6.2 氯化氢气体生成过程研究

6.2.1 TG-DTA 分析

为了初步探索SiO_2与$CaCl_2 \cdot 2H_2O$的反应过程，对混合物料进行了TG-DTA分析，物料中摩尔比Si/Ca（硅钙摩尔比$SiO_2/CaCl_2 \cdot 2H_2O$的简写）为2∶1、1∶1和1∶2，为了对比还单独做了$CaCl_2 \cdot 2H_2O$的TG-DTA曲线。氩气保护，升温速度为10℃/min。所得的TG曲线图和DTA曲线图如图6-1和图6-2所示。

在图6-1中可以看到，在100℃到200℃之间，$CaCl_2 \cdot 2H_2O$分解出结晶水，失重大约20%，理论失重为24.49%，这说明水分并没有完全脱除。而与二氧化硅不同配比的失重却是超出了理论值，这可能是在二氧化硅的参与下$CaCl_2$发生了分解释放了氯化氢气体。200℃到700℃，体系没有发生失重反应，在750℃以后体系再次发生失重反应，$CaCl_2$与SiO_2发生反应，释放出Cl_2。二者摩尔比为

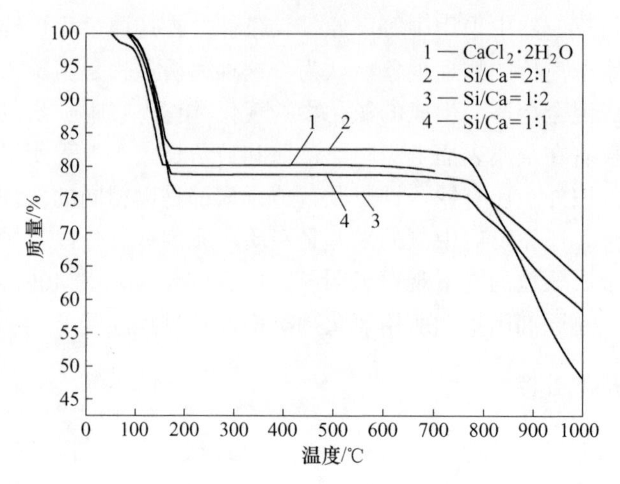

图 6-1　SiO_2与 $CaCl_2 \cdot 2H_2O$ 混合料的 TG 曲线图

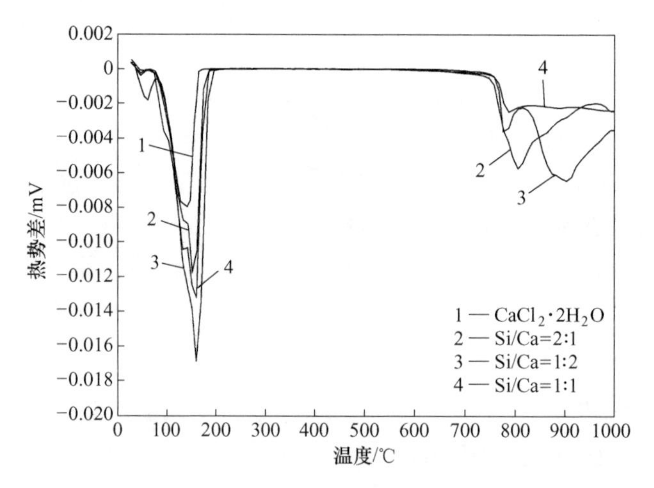

图 6-2　SiO_2与 $CaCl_2 \cdot 2H_2O$ 混合料的 DTA 曲线图

1∶1 的失重最少，说明整个反应并不是等摩尔反应，并且无论哪种物质增多，都能促进反应的进行。

从图 6-2 中可以发现，摩尔比为 2∶1 的反应在 750℃ 发生，到 800℃ 主反应就已经结束了。而摩尔比为 1∶2 的反应分别在 750℃ 和 800℃ 两次吸热过程。750℃ 的吸热峰与其他配比的相同，为 $CaCl_2$与 SiO_2反应的吸热峰，而 800℃ 的吸热峰为氯化钙高温挥发的吸热峰。

6.2.2　氯化氢气体生成过程

通过研究 600℃、700℃、800℃和 900℃ 温度下 SiO_2与 $CaCl_2 \cdot 2H_2O$ 在水蒸气条件下的反应，通过对生成物的物相分析，研究反应的物相转变过程。为了保证检测出的物相即是控制温度下的物相，采用水淬的方式保存物相形态。

实验以摩尔比 Si/ Ca 为 2∶1、1∶1 和 1∶2 进行配料，将管式炉升温到 600℃并恒温，通入氮气与水蒸气的混合气体，恒温水浴的温度为 80℃，摩尔比 N_2/H_2O 比为 1∶1，气体以 1L/min 的流速通 10min 后改为 0.1L/min 并放入原料。保温 1h 后，迅速取出并水淬。所得产物的物相如图 6-3 所示。

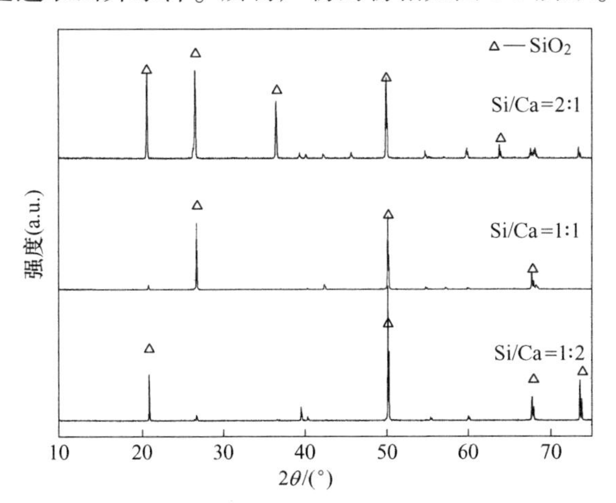

图 6-3 二氧化硅与氯化钙反应产物物相图（600℃）

从图 6-3 中可以看到，在 600℃下，SiO_2与 $CaCl_2$并没有明显发生反应，产物中仍然是 SiO_2，因为水淬，所以在物相图谱中并没有 $CaCl_2$的存在。但是由于 SiO_2晶体的择优取向，不同晶面上的峰的强度并不相同。

实验以 SiO_2与 $CaCl_2 \cdot 2H_2O$ 的摩尔比 Si/Ca 为 1∶1 进行配料，将马弗炉升温到 600℃、700℃和 800℃并恒温，通入氮气与水蒸气的混合气体，恒温水浴的温度为 80℃，摩尔比 N_2/H_2O 为 1∶1，气体流速以 1L/min 的流速通 10min 后改为 0.1L/min 并放入原料。保温 1h 后，迅速取出并水淬。所得产物的物相如图 6-4 所示。

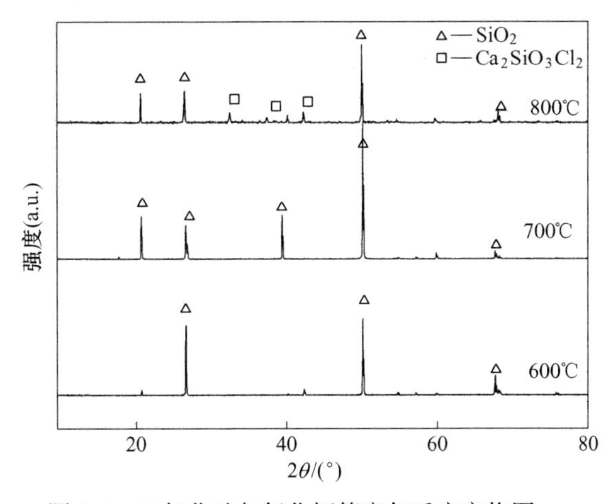

图 6-4 二氧化硅与氯化钙等摩尔反应产物图

从图 6-4 中可以看出，在 600 和 700℃条件下，二氧化硅与氯化钙并没有发生明显的反应。当温度达到 800℃时，在反应物中出现了 $Ca_2SiO_3Cl_2$，其属于四方晶系，具有空间群 I4（79）结构，晶格常数 $a=0.10708$nm、$b=0.10708$nm 和 $c=0.09354$nm。可以推测，反应方程式为：

$$2CaCl_2 + SiO_2 + H_2O \xlongequal{} Ca_2SiO_3Cl_2 + 2HCl \tag{6-10}$$

这与 TG-DTA 的分析结果是一致的，在 700～800℃之间发生吸热反应，放出氯化氢气体。

实验以 SiO_2 和 $CaCl_2 \cdot 2H_2O$ 的摩尔比 Si/Ca 为 2∶1、1∶1 和 1∶2 进行配料，将马弗炉升温到 800℃并恒温，通入氮气与水蒸气的混合气体，恒温水浴的温度为 80℃，摩尔比 N_2/H_2O 为 1∶1，气体以 1L/min 的流速通 10min 后改为 0.1L/min 并放入原料。保温 1h 后，迅速取出并水淬。所得产物的物相如图 6-5 所示。

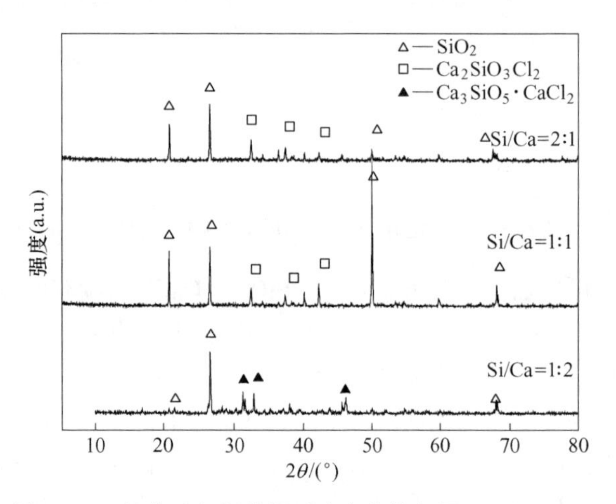

图 6-5　二氧化硅与氯化钙反应产物物相图（800℃）

从图 6-5 中可以看出，随着温度升高，在 800℃出现了新相，$Ca_2SiO_3Cl_2$ 与 $Ca_3SiO_5 \cdot CaCl_2$，SiO_2 和 $CaCl_2$ 的摩尔比 Si/Ca 为 2∶1 和 1∶1 的产物为 $Ca_2SiO_3Cl_2$，二者摩尔比 Si/Ca 为 1∶2 的产物为 $Ca_3SiO_4 \cdot CaCl_2$ 反应方程式推测为：

$$4CaCl_2 + SiO_2 + 3H_2O \xlongequal{} Ca_3SiO_5 \cdot CaCl_2 + 6HCl + 1/2O_2 \tag{6-11}$$

从式（6-11）可以看出，因为氯化钙过量，反应生成 $Ca_3SiO_5 \cdot CaCl_2$，其中 4mol 氯化钙参与反应生成 6mol 氯化氢气体；而生成 $Ca_2SiO_3Cl_2$ 则 2mol 氯化钙参与反应，只生成 2mol 氯化氢气体。

实验以 SiO_2 与 $CaCl_2$ 的摩尔比 Si/Ca 为 2∶1、1∶1 和 1∶2 进行配料，将马弗炉升温到 900℃并恒温，通入氮气与水蒸气的混合气体，恒温水浴的温度为 80℃，摩尔比 N_2/H_2O 为 1∶1，气体以 1L/min 的流速通 10min 后改为 0.1L/min 并放入原料。保温 1h 后，迅速取出并水淬。所得产物的物相如图 6-6 所示。

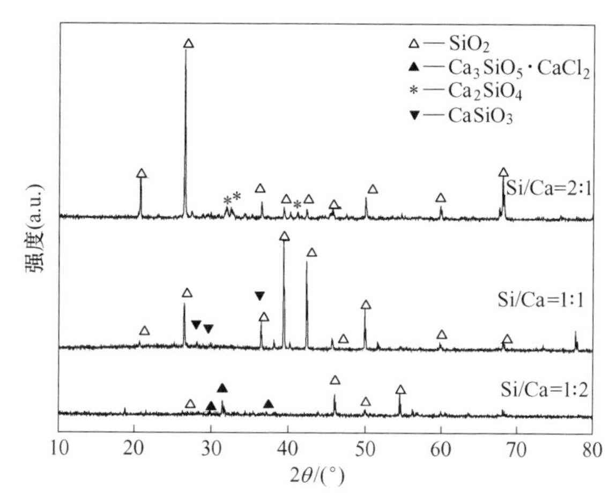

图 6-6 二氧化硅与氯化钙反应产物物相图（900℃）

在图 6-6 中可以发现，随着温度升高，800℃时存在 $Ca_2SiO_3Cl_2$ 与水蒸气的反应，对于不同的 SiO_2 与 $CaCl_2$ 的原料配比，反应的方程式也不相同：

对于 2∶1 配比的反应方程式为：

$$Ca_2SiO_3Cl_2 + H_2O = Ca_2SiO_4 + 2HCl \tag{6-12}$$

对于 1∶1 配比的反应方程式为：

$$Ca_2SiO_3Cl_2 + SiO_2 + H_2O = 2CaSiO_3 + 2HCl \tag{6-13}$$

对于 1∶2 配比的反应与 800℃ 的相同，反应式仍然是式（6-11），而且 $Ca_3SiO_4 \cdot CaCl_2$ 并没有在高温条件下发生反应，但是由于氯化钙的挥发，800℃以后出现一个比较大的吸热峰。这与 DTA 所的结果是一致的。

6.3 金属氧化物氯化过程研究

氯化离析过程要求氧化镍不能直接还原为金属镍，而是必须首先被氯化剂所产生的氯化氢气体氯化，然后氯化镍升华到碳表面被氢气或一氧化碳还原，最终得到富集在碳表面的镍金属颗粒。本节先通过热力学分析，验证反应热力学上的可行性，然后通过实验研究了温度和氯化剂的量对镍的氯化率的影响以及预焙烧对镍的氯化率的影响。

6.3.1 氯化过程热力学

金属氧化物的氯化过程除了要考虑到 NiO 以外，本节还考虑了铁的氧化物的氯化，通过热力学计算得到氧化物氯化热力学 $\Delta_r G_T^{\ominus}$-T 图，如图 6-7 所示。平衡常数与温度的关系图如图 6-8 所示。从图中可以看到体系中 Fe_2O_3 是很难被氯化的，FeO 最容易被氯化，而且随着温度的升高，FeO 的氯化变得困难，NiO 在低温下比较容易氯化，但是随着温度的升高，该反应更难发生，需要较高的氯化氢分压才能发生。

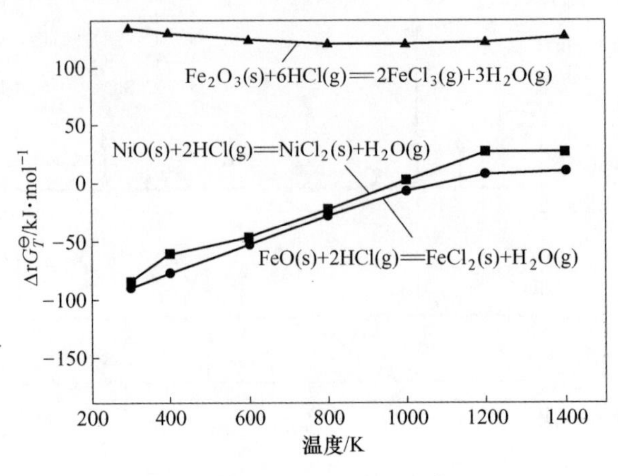

图 6-7　氧化物氯化反应 $\Delta_r G_T^\ominus$-T 图

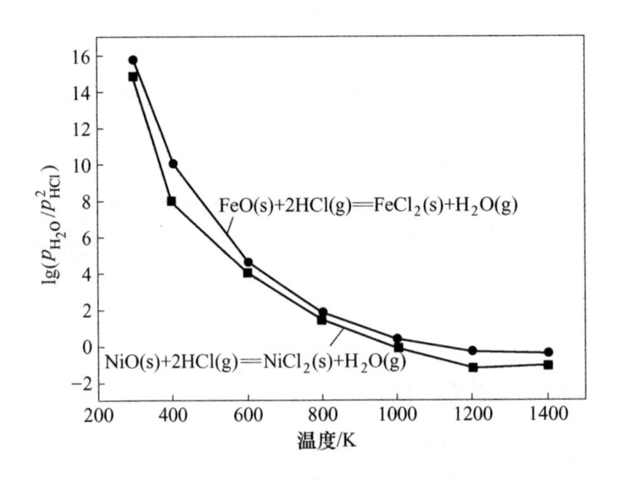

图 6-8　平衡常数与温度的关系图

6.3.2　焙烧温度及氯化剂加入量对镍的氯化率的影响

称取 25g 红土镍矿矿料放置在瓷坩埚内，分别加入一定量的 $CaCl_2 \cdot 2H_2O$ 作为氯化剂，加水混合均匀，将坩埚放置到已升到指定温度的马弗炉内焙烧 1h，取出后用 pH = 1.5 的酸化水在 80℃ 下洗涤，洗涤时间为 1.5h，搅拌速度为 200r/min，然后过滤定容，测得溶液中镍的含量，并分析浸出渣中 Ni 的残余量，从而计算出气体中散失的 Ni。氯化剂的加入量（以氯计）6%、8%、10%和 12% 在不同温度下的氯化率，如图 6-9 所示。

从图 6-9 中可以看到，镍氧化物的氯化率在 600℃ 较高，但是在 700℃ 左右降低，然后随着温度的升高而升高。这是由于在 600℃ 条件下，羟基硅酸镁脱水，

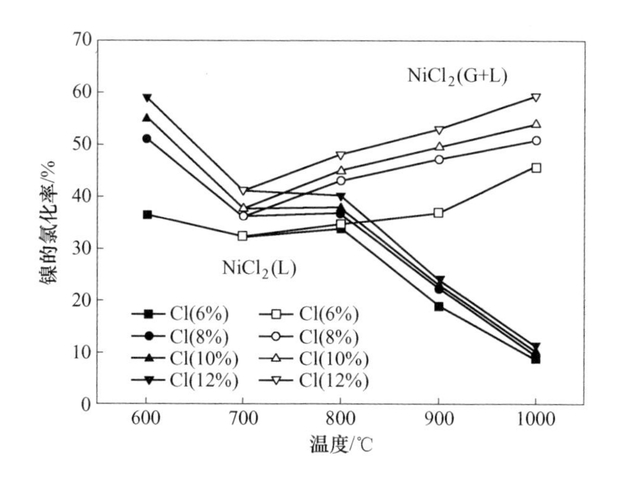

图 6-9 镍的氯化率与焙烧温度及氯化剂加入量的关系

不但提供了水分，而且增加了氯化氢与其的接触面积，提高了镍的氯化率。但是温度在700℃时，根据图6-7，NiO的氯化率随着温度的升高而需要更高的氯化氢分压，从而造成氯化率降低。但是随着温度超过750℃，氯化钙开始释放出大量的氯化氢气体，镍的氯化率也随之升高。

从图6-9可以看出，随着氯化剂的加入量的增加，氯化率也相应增高。但是加入过多，明显是不经济的。前期研究显示[7]，对于氯化剂的加入量与原矿中铁的含量是成正比的，随着铁含量的增加，氯化剂的加入量也随之增加。对于低铁的矿石，氯化剂合理的加入量为原矿质量的6%~8%（以氯计）。

6.3.3 预焙烧温度对镍的氯化率的影响

称取25g红土镍矿矿料放置在瓷坩埚内，在指定温度：400℃、600℃和800℃下预焙烧1h。分别加入含有相同氯离子量的$CaCl_2 \cdot 2H_2O$作为氯化剂，加水混合均匀，将坩埚放置到升到指定温度的马弗炉内焙烧1h，取出后用pH=1.5的酸化水在80℃下洗涤，洗涤时间为1.5h，搅拌速度为200r/min，过滤定容后，测得溶液中的镍，并分析浸出渣中Ni的残余量，从而计算出气体中散失的Ni。氯化率与煅烧温度的关系图如图6-10所示。

从图6-10中可以看出，经过预焙烧的矿的氯化率与图6-9中未煅烧的相比，氯化率相对较低，这可能是因为水分较少，减少了氯化氢的生成速率。通过不同温度之间的对比，也可以发现，随着煅烧温度的增加，氯化率逐渐降低，以600℃最为突出，而1000℃时影响较小。这是因为随煅烧温度升高，矿物的脱水率升高，并且800℃以后形成了镁橄榄石。

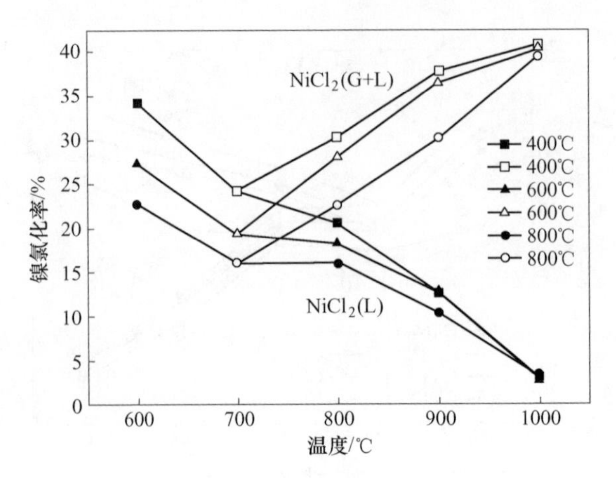

图 6-10 镍的氯化率与预焙烧温度关系图

6.4 金属颗粒成核及晶核生长过程研究

氯化离析过程的最后阶段是金属颗粒的成核及晶核生长过程。成核的方式根据结晶过程是否存在异相晶核而分为均相成核和异相成核。均相成核是指随温度的变化自发形成晶核的过程。这种成核方式往往获得的晶核数量少，结晶速度慢，球晶尺寸大，结晶率低。相反，异相成核是指存在固相“杂质”，通过在其表面吸附成晶核的过程。显而易见，异相成核能够提供更多的晶核，在球晶生长速度不变的情况下加快结晶速度，球晶尺寸较小。氯化离析中金属颗粒的成核主要是异相成核，这种颗粒的大小为 1~5μm，很难通过磁选或者浮选的方式回收，这就需要控制条件，促使离析后的颗粒能够富集并长大。本节主要从水分和温度两个方面研究其对颗粒生成及长大的影响。

6.4.1 水分对镍铁合金晶核生长的影响

本实验采用图 2-9 的实验装置，称取 50g 矿粉放入研钵中，加入的 $CaCl_2 \cdot 2H_2O$ 为原矿质量的 8%（以氯计），焦炭为原矿质量的 6%，混合均匀后造球。管式炉中通氮气，气体流速为 0.1L/min，并控制水浴温度为 30℃、50℃和 70℃，对应的气氛中水分的体积分数为：4.1%、7.5%和 20%。离析温度为 1000℃，离析时间为 60min。然后将温度降到 850℃，将小球取出，水淬，细磨至小于 0.048mm，然后在磁场强度为 0.3T 的磁选管中磁选。得到精矿和尾矿，进行化学分析。所得实验结果见表 6-1。

从表 6-1 可以看出，随着水蒸气分压的增加，磁选的精矿率逐渐升高，精矿品位逐渐降低，而尾矿的品位也逐渐降低，镍的收率逐渐升高。热力学分析可知，由于水分增多，可能造成两种情况：（1）水分增多造成原位还原增加，金属

表 6-1 不同水分对氯化离析的影响

序号	水浴温度/℃	精矿镍品位/%	尾矿镍品位/%	精矿率/%	镍收率/%
A	30	9.24	0.87	10	54.13
B	50	5.35	0.74	21	65.77
C	70	4.14	0.66	30	72.88

氧化物没有经过氯化就被还原为 NiFe 合金，这种镍铁合金主要在硅酸盐表面形成；（2）水分的增加提高了气氛的还原性，从而造成金属氯化物在吸附到碳表面之前就被还原为金属，附着在硅酸盐矿物表面，从而造成精矿率增加，精矿品位降低。为了解释出现这种情况的原因，对三种物料进行对了 SEM 和 EDS 分析。A、B 和 C 三种不同水蒸气条件下的精矿 SEM 图如图 6-11 所示，尾矿 SEM 图如图 6-12 所示，精矿镍铁合金颗粒的 EDS 线扫描图如图 6-13 所示。

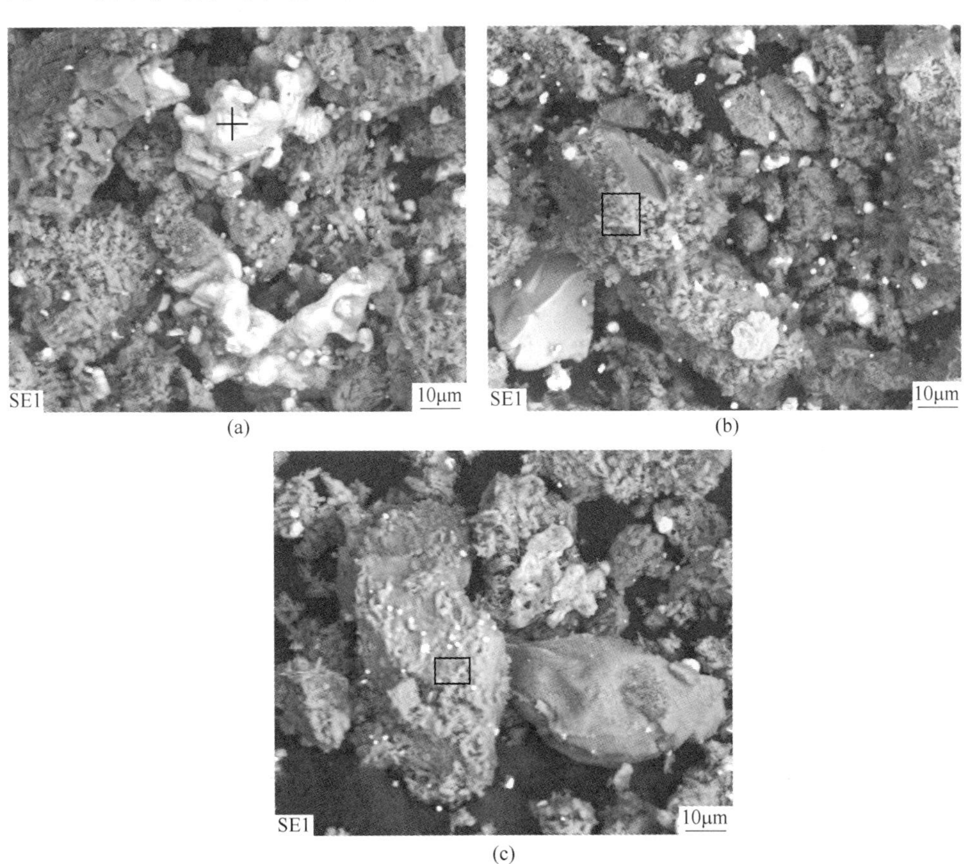

图 6-11 不同水蒸气条件下的精矿 SEM 图
（a，b，c 分别为 A、B 和 C 磁选所得的精矿）

图 6-12　不同水分条件下的尾矿 SEM 图
(a, b, c 分别为 A、B 和 C 磁选所得的尾矿)

图 6-13　精矿镍铁合金的 EDS 线扫描图

从图 6-11 可以看出，随着水蒸气分压的增大，精矿中镍铁合金的颗粒逐渐变小，更加分散，大颗粒减少。因此图 6-11 也证实了前面的推论：水分的增加增强了气氛的还原性。从图 6-12 中可以看出，随着水蒸气分压的增大，尾矿中未被磁选富集的镍铁合金的颗粒逐渐变小且更加分散。

综合图 6-11 和图 6-12 可以得知，镍铁合金颗粒并不是完全在碳表面还原，富集长大，而且可以在粗糙的硅酸盐表面被还原。可以看出，因为焦炭表面多孔，具有强烈的吸附性，表面积比较大，能够促进镍铁颗粒的异相成核，而且随着水煤气反应的进行，碳不断被消耗，从而造成镍铁合金金属颗粒连接在一起；而对于硅酸盐表面，可以分为两种，表面比较光滑的，不利于异相成核，另外一种是比较粗糙的，虽然可以异相成核，但是因为体型相对较大，并且不会消耗，镍铁合金颗粒很难连接在一起长大。

图 6-13 可以看出，镍铁合金的边缘成分变化比较急剧，因此可以认为镍铁合金颗粒的形成是从 $NiCl_2$ 和 $FeCl_2$ 的还原得到的，而非 NiO、FeO 和 Fe_2O_3。

从图 6-14 和表 6-2 的成分分析可知，精矿的物相为 NiFe 合金。硅酸铁镁和硅酸钙铁镁为主，其中镍铁合金中，镍铁的质量比约为 1 ∶ 3；尾矿中表面较为光滑的为硅酸铁镁，表面比较粗糙的为硅酸钙铁镁。而镍颗粒会在粗糙的硅酸钙铁镁表面离析，而不能长大。尾矿的物相有碳、硅酸钙铁镁和硅酸铁镁。

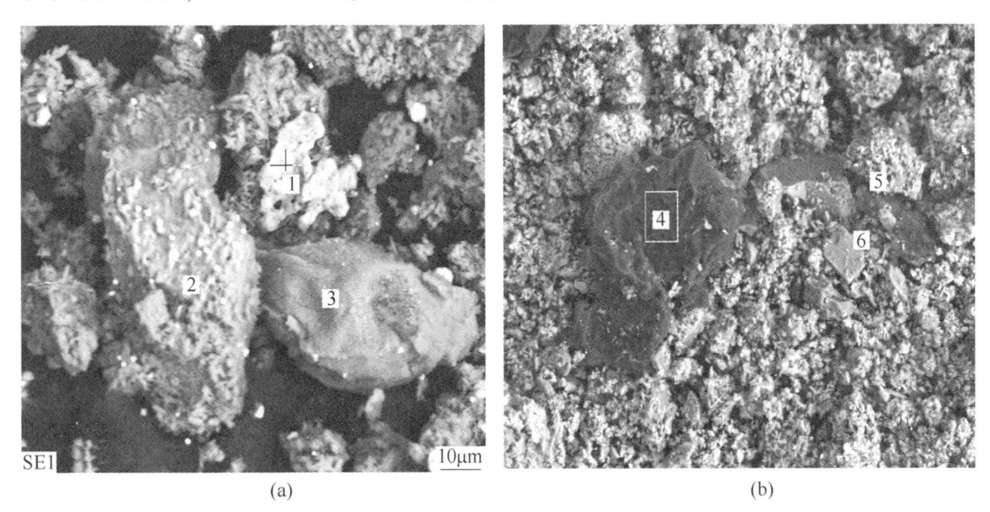

(a) (b)

图 6-14 实验 C 的 EDS 分析

(a) 精矿；(b) 尾矿

分别对三个样品进行 XRD 分析，绘制对比图，如图 6-15 和图 6-16 所示。虽然水蒸气分压不同，但是所得的精矿和尾矿的物相没有明显的变化。精矿中的物相为 SiO_2、NiFe、$CaMgFeSi_2O_6$ 和 $FeMgSiO_4$；尾矿中的物相主要为 SiO_2、$CaMgFeSi_2O_6$ 和 $FeMgSiO_4$，这与 EDS 的成分分析是一致的。

表 6-2　实验 C 的 EDS 图中各点的成分分析　　(%)

点序号	C	Ni	Fe	Ca	Mg	Si	其他
1	0	30. 27	60. 82	0	0	0	8. 91
2	0	0	16. 86	12. 95	14. 54	28. 01	27. 64
3	0	0	17. 12	0. 76	27. 20	24. 32	30. 06
4	97. 00	0	0	0	0	0	3. 00
5	0	0	12. 37	14. 10	14. 18	32. 00	27. 35
6	0	0	7. 14	0	23. 01	38. 59	31. 25

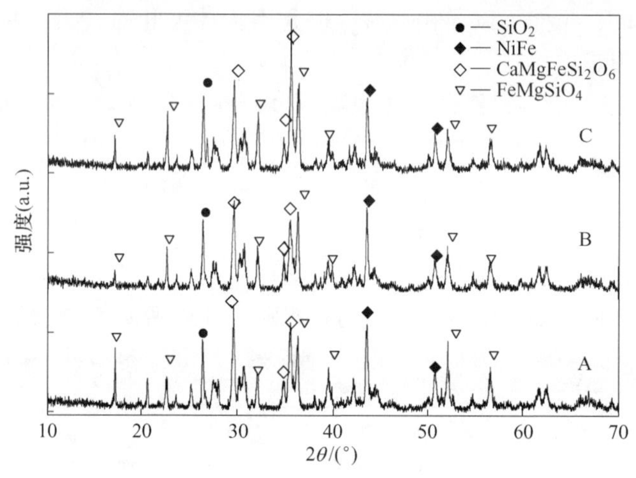

图 6-15　精矿 XRD 图

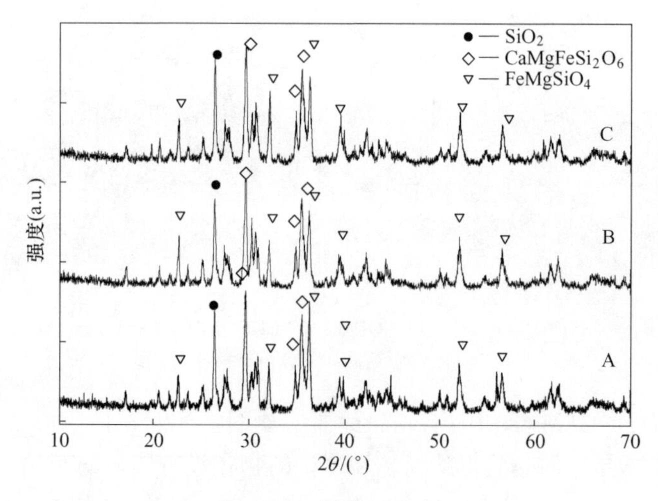

图 6-16　尾矿 XRD 图

6.4.2　温度对镍铁合金晶核生长的影响

本实验中实验装置为马弗炉，称取 50g 矿粉放入研钵中，加入的 $CaCl_2 \cdot 2H_2O$ 为原矿质量的 8%（以氯计），焦炭加入量为原矿质量的 6%，混合均匀后造 2 个球。将做好的球放入坩埚中，在马弗炉中加碳控制气氛，温度从常温升高到预定温度：1000℃、1100℃、1200℃、1275℃和 1350℃，在预定温度下恒温 20min，然后降低温度到 850℃，取出水淬，烘干磨碎，所得样品做 SEM 分析。图 6-17～图 6-21 分别为 1000℃、1100℃、1200℃、1275℃和 1350℃焙烧样品的 SEM 图。

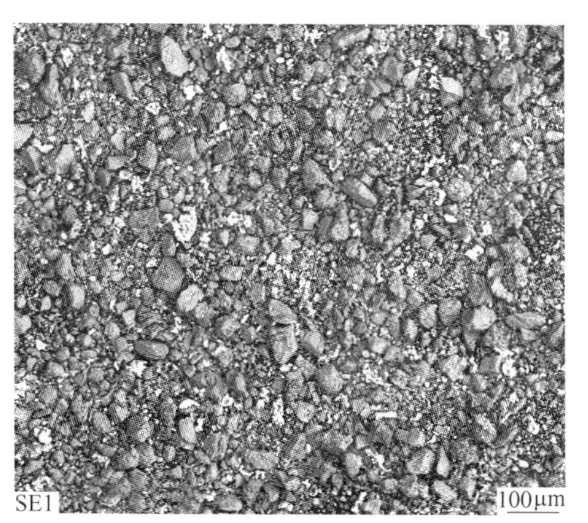

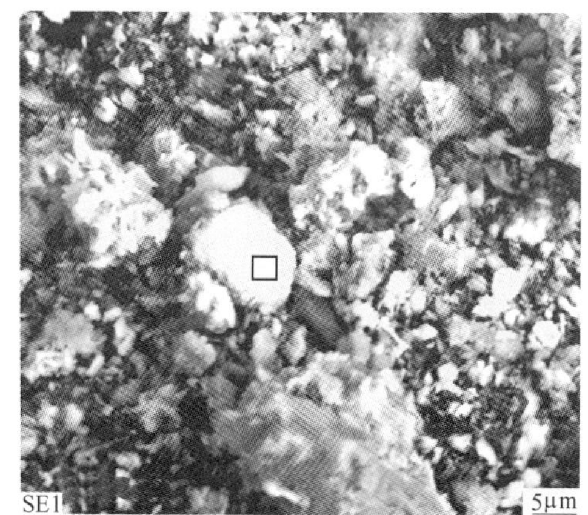

图 6-17　焙烧样 SEM 图（1000℃）

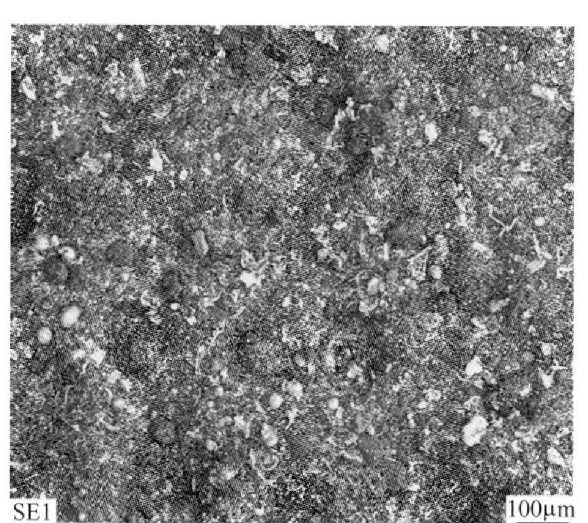

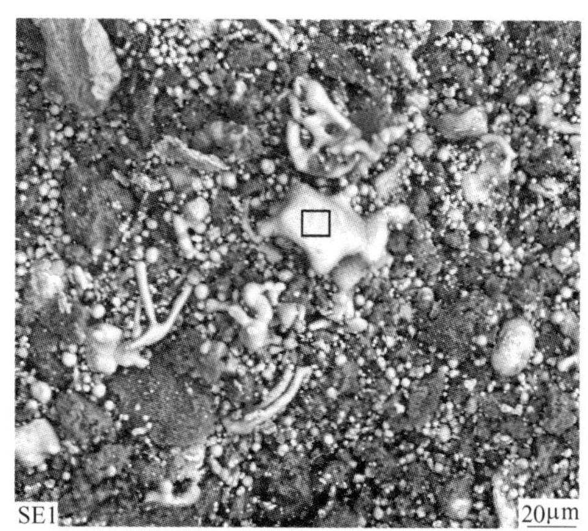

图 6-18　焙烧样 SEM 图（1100℃）

图 6-19　焙烧样 SEM 图（1200℃）

图 6-20　焙烧样 SEM 图（1275℃）

图 6-21　焙烧样 SEM 图（1350℃）

从图 6-17~图 6-21 中可以看到，随着温度的升高，镍铁合金的颗粒逐渐增大。图 6-17 中，镍铁合金主要以鳞片状和棒状存在，说明在 1000℃ 时镍铁合金没有发生熔融。图 6-18 中可以看到，镍铁合金有熔融的迹象，镍铁合金颗粒相互接触。在图 6-19~图 6-21 中，镍铁合金颗粒主要以球形存在，而且球形颗粒的平均粒径逐渐增大，在 1350℃ 的煅烧条件下，最大粒径达到 80μm。

如前所述，离析过程中金属颗粒的长大是根据温度的不同存在两种不同的长大机制：

在较低温条件下，颗粒的长大是给定物质向更加有利位置迁移的过程，这种有利的位置主要是两个金属颗粒的接触点。接触点上的物质通常表现为非晶体的性质。颗粒的增长机制可以解释为在颗粒连接点处的表面张力与曲率半径的关系。根据拉普拉斯（Laplace）公式：

$$\Delta p = \frac{8\sigma \pi r \mathrm{d}r}{4\pi r^2 \mathrm{d}r} = \frac{2\sigma}{r} \tag{6-14}$$

式中 Δp ——附加压力；

σ ——表面张力；

r——曲率半径。

附加压力与液体的表面张力成正比，而与曲率半径成反比，半径越大附加压力越小。液体内部压力 p 等于空气压力加上附加压力 Δp 。1000℃（见图 6-17）和 1100℃（见图 6-18）的图片中颗粒的长大就是这种机制。

在高温条件下，颗粒的长大时通过蒸发和冷凝过程完成的。根据（Thompson）公式，颗粒的蒸气压 p 为：

$$p = p_0 \frac{\sigma}{r} \frac{\Omega}{KT} \tag{6-15}$$

式中 p_0——平面的蒸气压；

σ ——表面张力；

r——曲率半径；

Ω ——原子体积。

从式（6-15）中可知，在同等表面张力的条件下，较小曲率半径的颗粒蒸气压较大，所以颗粒长大的过程是较小曲率半径的颗粒熔化蒸发到较大曲率半径的颗粒表面冷凝的过程。图 6-17~图 6-21 中颗粒的长大就是这种机制。随着温度的升高，镍铁合金的颗粒逐渐增大，但是，并不是温度越高越好温度升高会造成部分镍铁合金再次进入到橄榄石晶格中，降低镍铁合金的收率。

6.5 氯化离析实验

由于在整个离析过程中铁的含量以及铁的存在形式对离析产品的影响是很大

的，尤其在氯化剂的选择、助剂的选择、实验条件（温度、时间）等因素的影响都会直接对最终的产品指标产生影响。因此，实验针对所用矿料做了较为详细的焙烧条件和磁选条件实验、氯化剂种类实验、氯化剂用量实验、还原剂种类实验、还原剂用量实验、还原剂粒度实验、氯化离析温度实验、氯化离析时间实验、磁场强度实验等。

6.5.1　氯化剂种类对镍钴品位及回收率的影响

不同的氯化剂在氯化反应以及离析过程中所需要的离析条件和反应过程所发生的物理化学反应是不同的，进而直接影响到离析后产品的品位和回收率。为了获得最佳的工艺指标，有必要对氯化剂的种类选择进行实验研究。根据第 4 章中盐氯化焙烧中氯化剂选择实验结果，本实验选择加入含有相同氯离子量的 NaCl(C1)、$MgCl_2 \cdot 6H_2O$(C2)、$CaCl_2$(C3)、NaCl + $MgCl_2 \cdot 6H_2O$(C4)（质量比 0.4）进行实验，矿料粒度为小于 0.074mm，还原剂（烟煤小于 0.2mm）用量为矿料的 2%，焙烧温度为 1000℃，焙烧时间为 90min，磁选时激磁电流为 3000Gs 和 1000Gs 的条件下进行实验，其实验工艺流程如图 2-12 所示，实验结果如图 6-22和图 6-23 所示。

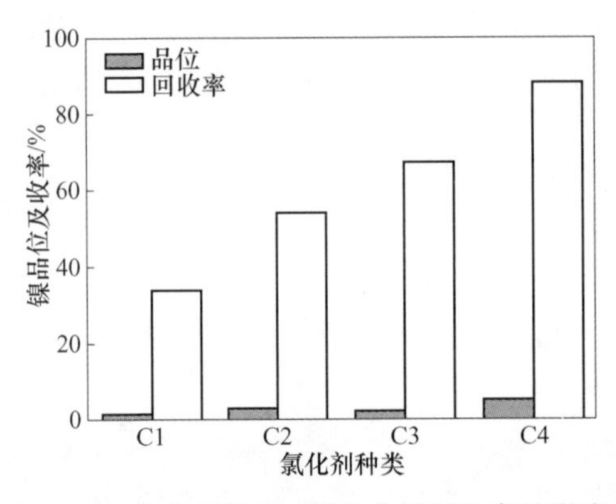

图 6-22　氯化剂种类对镍品位及回收率的影响

从图 6-22 和图 6-23 的氯化剂种类实验结果可知：氯化钠（C1）作为氯化剂的效果最差，基本上没有有效回收镍和钴，并且镍品位增加也不多，相对于原矿提高 2 倍不到，钴品位仅增加了 0.5 倍。这主要是因为氯化钠作为氯化剂不能很好地将有价金属转变为氯化物，可由 5.3.3.1 节分析结论得知。由第 5 章 5.3.3.1 节可知，氯化镁（C2）和氯化钙（C3）作为氯化剂，在盐氯化焙烧过程中对有价金属镍、钴等的浸出率相差不大，但图 6-22 和图 6-23 表明两种氯化剂在离析过程中镍和钴的品位和回收率存在较大差异。这是因为氯化钙作为氯化剂可以促使 MgO 和 SiO_2 之间的反应，产出镁橄榄石，同时氯化钙也是氧化铁与

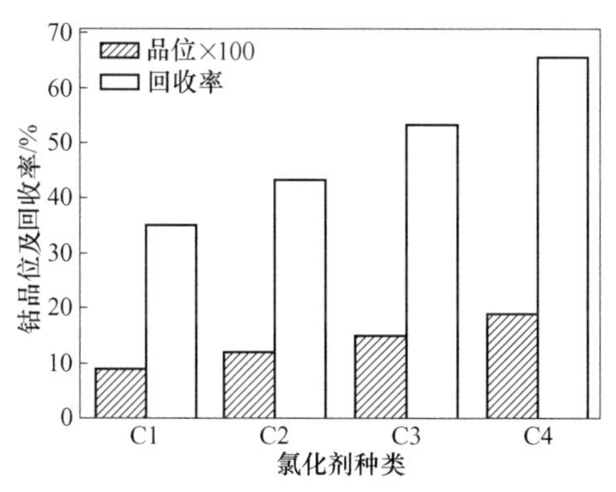

图 6-23 氯化剂种类对钴品位及回收率的影响

硅酸镁之间反应最有效的促进剂。因此，离析反应中加入的氯化钙不仅起着供给氯化氢的作用，而且与还原条件紧紧联系在一起，还有促进某种矿物学上的变化作用，结果使得矿石中的氧化镍变得较易被氯化离析。

氯化镁和氯化钠复配（4）作为氯化剂在氯盐焙烧中有价金属浸出率最高（见第 5 章 5.3.3.1 节），而从图 6-22 可以发现，在离析中 C4 氯化剂所取得的镍品位和镍回收率都较其他氯化剂更高，这与其产生氯化氢气体的机理是密切相关的。氯化镁和氯化钠复配氯化剂在其一个较宽的温度范围内均可产生氯化氢气体，并使有价金属被氯化，避免氯化氢气体集中产生不能发生有效反应而立即损失掉，由于有价金属形成的气体氯化物很快被还原，因此，其品位和回收率都较高。实验以氯化镁和氯化钠复配作为氯化剂进行氯化—离析实验研究。

6.5.2 氯化剂用量对镍钴品位及回收率的影响

氯化剂用量的多少对离析产品的回收率和品位有很大的影响，用量过大使其他的杂质元素被离析出来，导致后续处理成本的增加；用量过少又不能提供足够的氯化氢与目的元素镍和钴的反应并离析成为易挥发性氯化物被还原剂吸附。实验以粒度小于 0.074mm 的矿料为原料，C4 为氯化剂，还原剂（烟煤小于 0.2mm）用量为矿料的 2%，焙烧温度为 1000℃，焙烧时间为 90min，磁选时激磁电流为 3000Gs 和 1000Gs 的条件下进行实验，考察氯化剂用量对镍钴品位和回收率的影响，实验结果如图 6-24 所示。

从图 6-24 可以看出，随着 C4 氯化剂用量从 2%增加至 6%时，镍的品位和回收率分别由 3.34%和 39.4%提高到 5.81%和 86.9%，钴的品位和回收率分别由 0.12%和 52.47%提高至 0.19%和 64.43%。当氯化剂用量进一步增加时，镍和钴的品位及回收率不再增加。而第 4 章 4.3.3.2 节研究表明，当氯化剂用量为矿料的 18.75%时，镍和钴的浸出率最大，而在氯化离析反应过程中，由于反应式

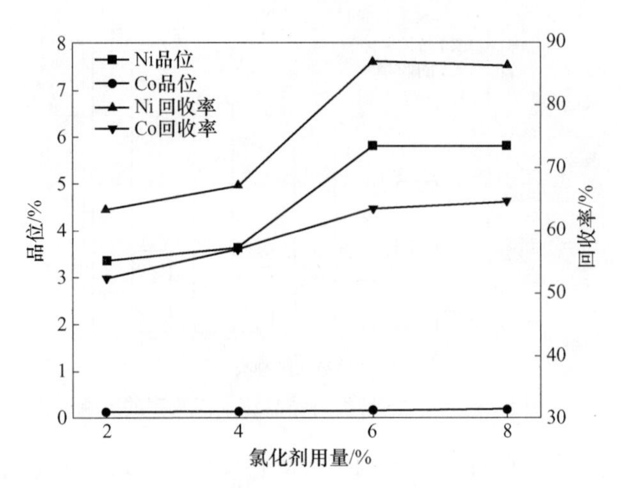

图 6-24 氯化剂用量对镍钴品位及回收率的影响结果

(6-6)和式（6-7）速度很快，产生的氯化镍和氯化钴等被迅速还原离析，产生的氯化氢气体又促进了氯化反应式（6-4）和式（6-5）向右进行，这将十分有利于氯化剂的充分使用。在氯化离析中氯化剂的用量显然要低于氯盐焙烧中氯化剂的使用量。因此，本实验采用氯化剂（C4）用量为矿料的 6%（质量比）。

6.5.3 还原剂种类对镍钴品位及回收率的影响

在镍钴氯化物的还原离析过程中，还原剂起着非常重要的作用，不同的还原剂由于组成不同，其在离析过程中的作用也大不相同。实验选择粒度均为小于 0.2mm 的焦炭（R1）（固定碳含量 86%，挥发分 6%）、无烟煤（R2）（固定碳含量 82%，挥发分 11%）、木炭（R3）（固定碳含量 76%，挥发分 22%）、烟煤（R4）（固定碳含量 60%，挥发分 25%）作为还原剂进行实验研究。实验以粒度小于 0.074mm 的矿料为原料，氯化剂（C4）的用量为矿料的 6%，还原剂粒度小于 0.2mm，用量为矿料质量的 2%，焙烧温度为 1000℃，焙烧时间为 90min，磁选时激磁电流为 3000Gs 和 1000Gs 的条件下进行实验，考察不同种类还原剂对镍和钴的品位和回收率的影响，实验结果如图 6-25 和图 6-26 所示。

从图 6-25 和图 6-26 可以看出，不同种类的还原剂对镍钴的品位和回收率有着较为显著的影响，其中以木炭（R3）和烟煤（R4）作为还原剂镍和钴的品位和回收率较高。这是因为这 4 种还原剂主要由碳和氢组成，炭又分为固定碳和有机碳两种形式，而在还原离析过程中起主要作用的是挥发部分的有机碳，有机碳挥发以后，由于碳的空隙加大，活性也加大，会对氯化镍有吸附作用，从而提高了镍钴的回收率，而固定碳所起作用并不大，因此含挥发分较多的木炭和烟煤对镍钴还原离析效果最好。而采用烟煤作为还原剂的镍钴品位及回收率相对木炭作

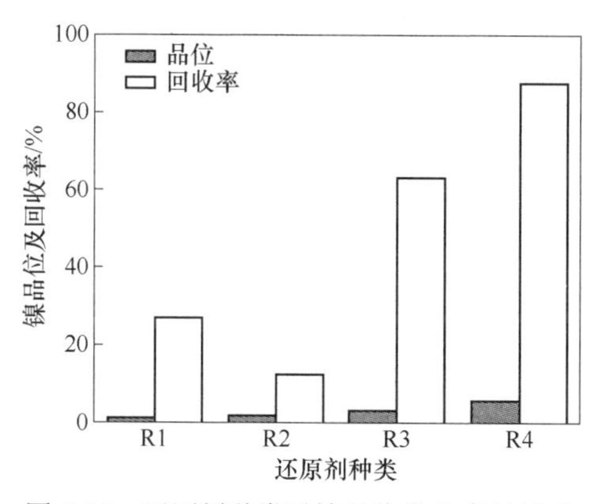

图 6-25 还原剂种类对镍品位及收率的影响

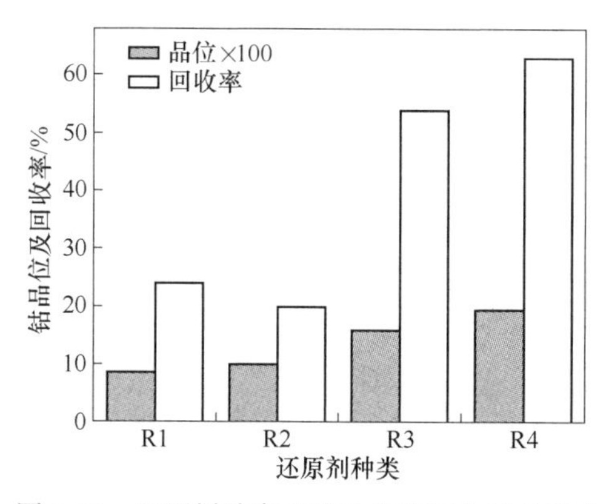

图 6-26 还原剂种类对钴品位及回收率的影响

为还原剂效果更好，这是由于在木炭的烧制过程中，部分短链有机成分受热挥发，长链成分（木质素）仍保持原有的空间排列，从而形成具有吸附能力的多孔结构，极易吸附小分子量的物质，使其反应活性增强，因此在其孔洞中发生就地还原反应，并吸附有一定的离析后的镍钴金属，使镍钴较为分散，在磁选中不能被有效地分离回收，导致镍钴的品位和回收率都较烟煤的低。因此，实验以烟煤作为还原剂。

6.5.4 还原剂用量对镍钴品位及回收率的影响

还原剂用量的多少直接影响着镍钴的品位及回收率，用量过少，镍钴的氯化物不能尽可能多地被还原离析；用量过多，不仅浪费还原剂，还会导致大量的铁被还原，降低镍钴的品位，达不到选择性还原的效果。实验以粒度小于 0.074mm 的矿料为原料，氯化剂（C4）的用量为矿料的 6%，选择粒度小于 0.2mm 的烟煤（R4）作为还原剂，焙烧温度为 1000℃，焙烧时间为 90min，磁选时激磁电流为 3000Gs 和 1000Gs 的条件下进行实验，考察还原剂用量对镍和钴的品位和回收率的影响，实验结果如图 6-27 所示。

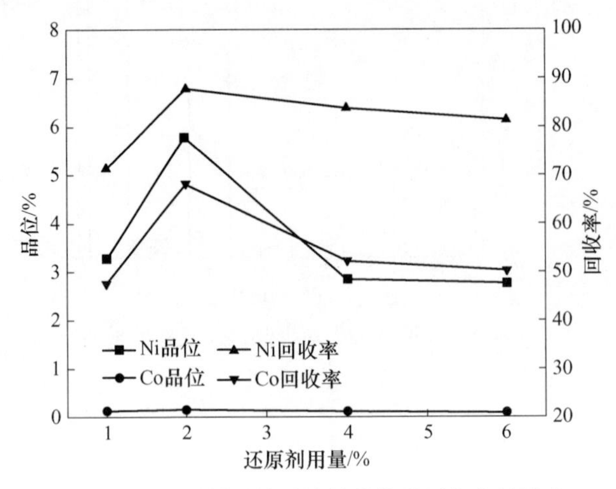

图 6-27　还原剂用量对镍钴品位及回收率的影响

由图 6-27 可以看出，还原剂用量为 1%时，所得的磁选镍精矿产品中镍品位为 3. 28%，镍回收率为 71. 3%，钴品位 0. 136%，钴回收率为 47. 6%；当还原剂用量达到 2%时，镍钴品位及回收率达到最大，即镍品位 5. 79%、镍回收率 87. 69%和钴品位 0. 157%、钴回收率 68. 32%。继续增加还原剂用量，镍精矿中镍钴的品位和回收率不但没有升高，反而逐渐下降。这是因为还原剂用量的增加，试样中部分弱磁性氧化铁矿物还原成强磁性铁矿物，相应的，在弱磁选过程中强磁性铁矿物与镍是难以分开的，从而导致磁性物的产率较高，因此镍钴的品位出现较大的降低。控制还原剂用量为 2%，不但可以减少还原剂的浪费，而且可以提高镍精矿中镍和钴的品位。

6.5.5　还原剂粒度对镍钴品位及回收率的影响

还原剂的粒度过大，会导致镍钴氯化物蒸气的还原核心不够，离析不完全；而粒度过细则会造成局部还原气氛过强，引起“就地”还原比例增加，降低了选矿回收率。因此，实验以粒度小于 0. 074mm 的矿料为原料，氯化剂（C4）的用量为矿料的 6%，还原剂烟煤（R4）的用量为 2%，焙烧温度为 1000℃，焙烧时间为 90min，磁选时激磁电流为 3000Gs 和 1000Gs 的条件下进行实验，考察还原剂粒度对镍和钴品位和回收率的影响，实验结果如图 6-28 所示。

还原剂粒度的作用体现在离析过程中保证有足够大的比表面积能否让还原剂保持足够的时间来吸附被氯化氢氯化的金属氯化物，由图 6-28 可以看出，其作用相当显著。当还原剂的粒度小于 0. 2mm 时，镍和钴的品位分别达到 5. 3%和

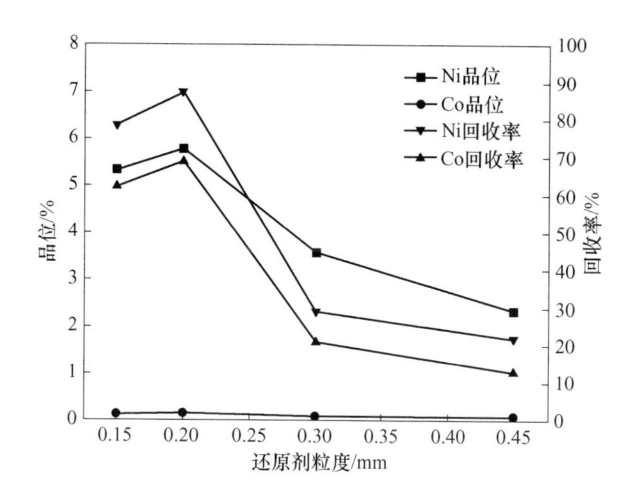

图 6-28 还原剂粒度对镍钴品位及回收率的影响

0.15%，镍和钴的回收率则达到 87%和 69%。当还原剂的粒度增加超过 0.2mm 时，镍钴的品位和回收率均不同程度的下降，这充分说明了粒度过大，不能保证有足够的比表面积来吸附镍钴氯化物并使其还原；而当粒度小于 0.15mm 时，镍钴品位和回收率仍然有所降低，这是因为还原剂粒度过小，导致镍钴氯化物被“就地”还原，使得离析出来的镍钴合金更为分散，容易在随后的磁选过程中被“遗失”而无法得到富集，导致精矿品位和回收率均降低。因此，在氯化离析工艺中，还原剂的粒度大小存在一个最佳范围，由图 6-28 可以看出，粒度大小在 0.15~0.20mm 时，镍钴品位和回收率能达到一个较为满意的值。

6.5.6 离析温度对镍钴品位及回收率的影响

由于红土镍矿物的组分性质都比较稳定，它们的熔点都非常高，而在离析过程中添加氯化剂的作用是使有价元素镍和钴最大可能成为挥发性氯化物后，由于挥发性氯化物镍和钴具有比较低的分解压而容易被还原剂吸附，从而出现金属颗粒。因此，一般来说，离析的温度都比较高，绝大多数离析都在 1000℃以上进行，矿石一般需要呈熔融状态。由于离析的过程是要把矿石改性后才能与药剂充分作用并发生一系列的化学反应，因此温度过高也会带来在实验上操作上的难度以及以后工业实际实现的可能性。温度过高还集中体现在能耗成本高，同时对焙烧设备的耐高温程度要求也相应提高。因此，在保证最大的镍钴品位和回收率的同时，寻求一个较低的离析温度也很有必要。根据第 5 章 5.3.3.3 节实验结果及分析可知，在盐氯化焙烧实验中，当焙烧温度为 900℃时，镍钴的浸出率达到最大值，而当焙烧温度继续增加时，镍钴浸出率开始下降。在镍钴氯化物的离析过程中，一定要产生氯化物气相并在还原剂上吸附才能有效地被还原析出，而氯化镍和氯化钴的沸点至少在957℃以上，因此，离析温度至少要高于900℃，才能保证镍钴被有效氯化并且具有一定的蒸气压以完成离析过程。

实验以粒度小于0.074mm的矿料为原料，氯化剂（C4）的用量为矿料的6%，还原剂烟煤（R4）（粒度小于0.2mm）的用量为2%，焙烧时间为90min，磁选时激磁电流为3000Gs和1000Gs的条件下进行实验，分别考察焙烧温度为900℃、950℃、1000℃、1050℃时对镍和钴品位和回收率的影响，实验结果如图6-29所示。

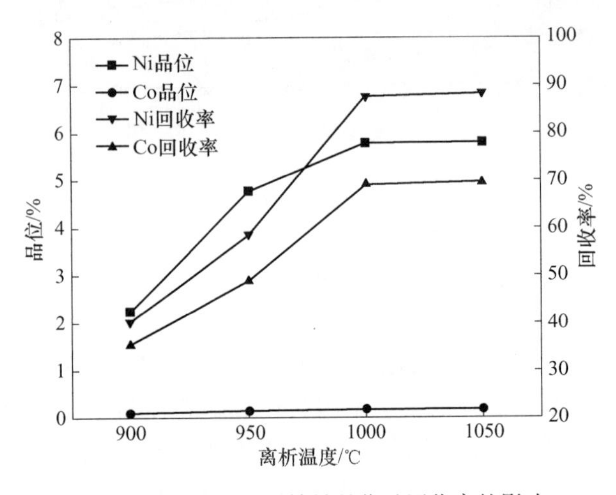

图6-29 离析温度对镍钴品位及回收率的影响

从图6-29可以看出，当离析温度为900℃时，所得的磁选镍精矿中镍钴品位分别为2.22%和0.09%，镍钴回收率分别为40.2%和35.21%；离析温度为950℃时，所得的磁选镍精矿中镍品位4.77%，镍回收率58.4%，钴品位0.139%，钴回收率48.81%；当离析温度为1000℃时，获得的磁选镍精矿中镍品位5.79%，镍回收率87.69%，钴品位0.1567%，钴回收率69.02%，达到了最大值；当离析温度继续升高达到1050℃时，获得的磁选镍精矿中镍钴品位和收率几乎保持不变。这说明靠提高离析温度并不能一直增加镍、钴的品位和回收率，而是存在一个较为合适的离析温度。当离析温度高于1000℃时，镍、钴的品位及回收率虽然有所增加，但变化比较小。对比图6-29和5.3.3.3节的实验结果可以发现，在氯盐焙烧中可以获得镍钴高浸出率的焙烧温度在氯化离析中并不适合，而是要把温度升到超过镍钴氯化物的沸点之上才能保证所得镍精矿中较高的镍钴品位和回收率。因此，只有保证一定的镍钴氯化物蒸气压才能使离析反应顺利的正向进行，否则将无法使所有已生成的镍钴氯化物还原离析后被磁选获得。

在保证最大的镍钴品位及回收率的前提下，离析温度越低越可以节约成本、降低对设备的要求，因此，保证离析温度为1000℃即可获得镍品位5.79%、收率87.69%和钴品位0.157%、收率69.02%的磁选后镍精矿。

6.5.7 离析时间对镍钴品位及回收率的影响

实验以粒度小于0.074mm的矿料为原料，氯化剂（C4）的用量为矿料的6%，还原剂烟煤（R4）（粒度小于0.2mm）的用量为2%，焙烧温度为1000℃，磁选时激磁电流为3000Gs和1000Gs的条件下进行实验，分别考察焙烧时间对镍和钴品位及回收率的影响，实验结果如图6-30所示。

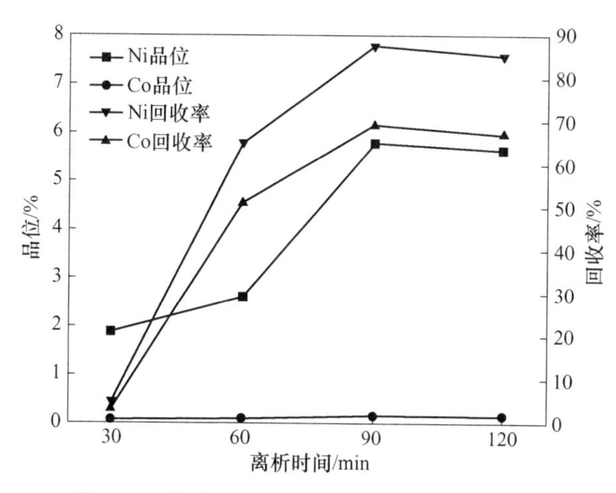

图6-30 焙烧时间对镍钴品位及回收率的影响

由5.3.3.5节的实验结果及分析可以知道，氯化焙烧温度为900℃时，需要焙烧90min就能达到镍钴的最大浸出率，而当焙烧温度为1000℃时，尽管镍钴的浸出率有所降低，但在60min时即可达到最大值，这是与镍钴氯化物的热力学稳定性有着直接的联系。由图6-30可以发现，随着离析时间的增加，镍钴品位及回收率也随之增加，当离析时间从30min增加至90min时，镍钴品位分别从1.87%和0.056%增加至5.79%和0.157%，镍钴回收率分别从4.95%和3.22%增加至87.69%和69.02%。继续延长离析时间并不能显著增加镍钴品位及收率。这充分说明了在整个氯化离析反应中，镍钴氧化物的氯化反应较慢，是整个反应的速度控制步骤，而镍钴氯化物气体的还原过程可以很快地发生，可以使整个氯化离析过程中氯化反应趋势增加。因此，在氯化离析过程中，选择离析时间为90min即可达到满意的镍钴品位和回收率。

6.5.8 磁选强度对镍钴品位及回收率的影响

湿式磁选的磁场强度对磁选后镍精矿中镍钴富集物的品位及回收率都有较大

影响，其实验结果如图 6-31 所示。

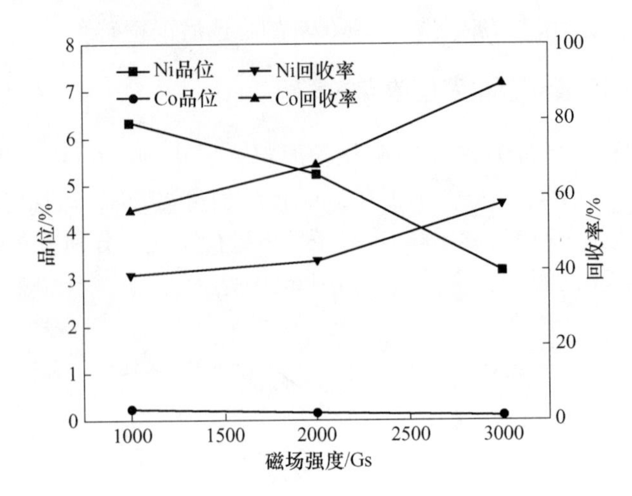

图 6-31　磁选强度对镍钴品位及回收率的影响

从图 6-31 可以看出，随着磁场强度的增加，镍钴的收率逐渐增加，从 1000Gs 时镍钴的回收率分别为 55.7%和 35.6%，到 3000Gs 时镍钴的回收率分别为 89.6%和 63.5%，但是镍钴品位却逐渐降低，镍品位从 6.34%降低至 3.19%，钴品位从 0.24%降低到 0.12%。这是因为所用红土镍矿试样中本身铁品位较高，经过氯化离析后有相当多的铁和大部分的镍钴被还原成金属，导致矿物中磁性物质含量较高，具有较强的磁性，因此只需要较低的磁场强度就能将磁性物质富集；而当磁场强度过大时，一些磁性较弱的物质也会随之被磁选上来，从而使得过多的杂质夹杂在磁性物颗粒中间难以分离，使得镍和钴的品位降低。因此，实验确定先用强磁场（3000Gs）将离析后矿物进行磁选，然后再用弱磁场（1000Gs）对精矿进行磁选，分离出弱磁性物质，在保证较高回收率的前提下，尽可能地提高精矿中镍钴富集物的品位。

6.6　离析精矿与尾矿矿物分析

6.6.1　精矿化学组成与主要物相

将离析后的焙砂直接投入水中进行水淬以防止镍钴等重新被氧化，冷却后经过细磨过筛、加水调成矿浆后放入到磁选管中进行湿式磁选，磁选所得的精矿的化学成分见表 6-3。通过对比表 6-3 和表 2-1 可以看出，经过氯化离析磁选后所得的精矿主要由镍、钴及铁组成，原矿中的一些主要杂质组成如氧化镁、二氧化硅等显著降低，精矿中镍钴的品位分别达到了 5.69%和 0.19%，相对于原矿镍提高了 7 倍，钴提高了 3 倍。

表 6-3 精矿化学成分分析 (%)

组成	Ni	Co	Fe	MgO	Al_2O_3	SiO_2	CaO
含量	5.69	0.19	48.6	3.4	1.2	6.2	2.13

精矿的物相分析如图 6-32 和图 6-33 所示。精矿 1（3000Gs 磁选后矿）和精矿 2（精矿 1 再用 1000Gs 磁选后矿）物相分析结果表明：精矿中的主要物相为 Fe、Co_2SiO_4、SiO_2、$Fe_{0.64}Ni_{0.36}$、$Mg_{1.39}Fe_{0.61}(SiO_4)$。

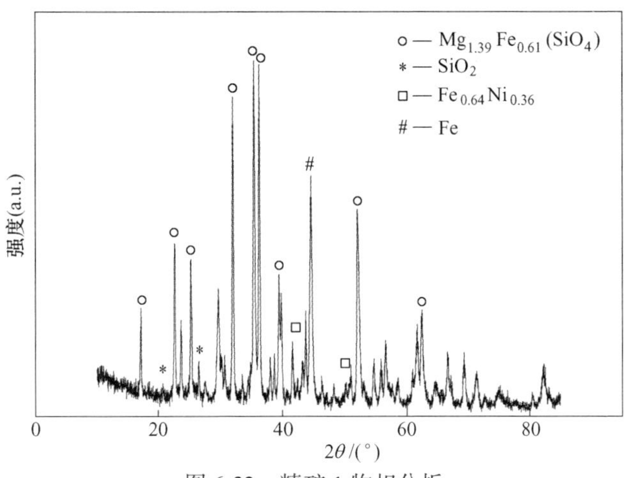

图 6-32 精矿 1 物相分析

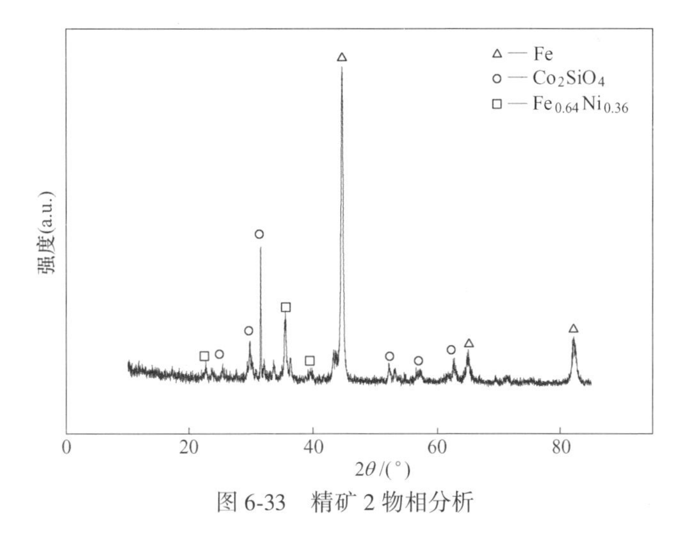

图 6-33 精矿 2 物相分析

6.6.2 精矿的形成与选别机制

通过对精矿 1 和精矿 2 进行物相分析，结果如图 6-32 和图 6-33 所示，研究了精矿形成的机理及选别的机制。

通过对精矿 1 物相分析结果表明：精矿中的主要物相为 Fe、$Fe_{0.64}Ni_{0.36}$、$Mg_{1.39}Fe_{0.61}(SiO_4)$、$SiO_2$。从精矿 1 的物相分析结果可知，Fe 大量存在于精矿中，这是由于 Fe、Ni 是磁性物质，进行湿式磁选时即使磁场强度很小，它与它所形成的化合物 $Fe_{0.64}Ni_{0.36}$ 也会被部分磁选富集而与镍钴一起成为精矿。另外，由于原矿中铁的含量比较高，而在氯化离析过程中离析气氛还原性较强，因此不可避免地会导致部分 Fe 被还原。物相分析中存在 $Mg_{1.39}Fe_{0.61}(SiO_4)$，说明在氯化离析过程生成了镁橄榄石和铁橄榄石，这是因为在整个氯化离析过程中，由于温度的升高导致矿相发生改变并重构，原矿中的部分 Fe 进入硅酸盐相取代了 Mg 位而形成了 $Mg_{1.39}Fe_{0.61}(SiO_4)$，因此在 3000Gs 强度下进行磁选就有可能将其选上。由第 2 章 2.1 节的矿物物相及成分分析可知，Co 在矿石中的分布有相当一部分包裹在硅酸盐矿相中，其反应活性很低，通常的方法如常压盐酸浸出（第 3 章）、氯化焙烧（第 5 章）、氯化离析等都并不能使其参加反应，导致钴的浸出率始终保持在 60%左右。因此，精矿 2 物相分析中 Co 仍可能以 Co_2SiO_4 形式存在，说明矿石中少量的 Co 并未被氯化还原出来，而是嵌布在矿石颗粒中。

精矿中 Ni 以 $Fe_{0.64}Ni_{0.36}$（镍铁合金）的形式存在，说明氯化离析的过程是镍钴的氧化物与氯化剂反应生成镍钴氯化物，生成的氯化物在气化后首先吸附在炭的表面上被氢还原为金属。由于所产生的新相粒子颗粒半径较小，附加压力巨大，因此一旦有固相析出后，随后的还原过程都是在已生成的金属颗粒发生表面上吸附、还原和粒子长大等过程，因此所生成的产品粒子实际上是由合金组成，由图 6-34 所示的精矿 2 的 EDS 图可以看出。图 6-34 中“+”字处成分分析表明主要为镍铁合金，其他元素几乎无检出。

图 6-34　精矿 2 EDS 图

精矿 2 为从精矿 1 中采用 1000Gs 磁选后镍精矿，相比两者之间的 XRD 图，可以发现图 6-33 中的 $Mg_{1.39}Fe_{0.61}(SiO_4)$ 相消失了，这说明该相磁性较弱，在 1000Gs 下磁选不能将其选上。出现 Co_2SiO_4 相则可能是因为 $Mg_{1.39}Fe_{0.61}(SiO_4)$ 相消失导致 Co_2SiO_4 相含量相对增加而可以被检出。

6.6.3 尾矿组成与选别机制

离析后的焙砂经水淬细磨过筛、加水调成矿浆后投入到磁选管中进行湿式磁选，所得的尾矿的物相分析如图 6-35 所示。物相分析的结果表明尾矿中的主要物相有：$Mg_{1.39}Fe_{0.61}(SiO_4)$、$SiO_2$、Fe。$Mg_{1.39}Fe_{0.61}(SiO_4)$、$SiO_2$ 都为弱磁性的物质，在湿式磁选过程中不能被磁选上来而成为尾矿，从而与铁、镍、钴等强磁性物质分离。由于离析后焙砂中 $Mg_{1.39}Fe_{0.61}(SiO_4)$ 的大量存在，因此有少量 $Mg_{1.39}Fe_{0.61}(SiO_4)$ 在 3000Gs 下磁选被选入到精矿 1 中，出现在精矿 1 的 XRD 图（见图 6-32）中。尽管 Fe 是强磁性物质，但由于量较大，或者被包覆在硅酸盐相中，仍有少量保存在尾矿中，未被选入镍精矿。

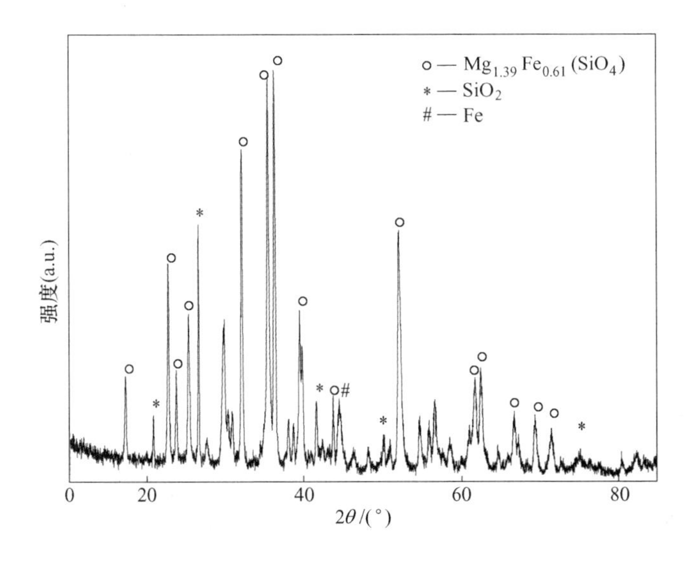

图 6-35 尾矿 XRD 图

6.7 本章小结

（1）根据第 2 章原矿矿物的分析可知，矿石中有价金属 Ni 和 Co 的含量都比较低，杂质元素 Fe 和 Mg 含量都相对较高，另外 SiO_2 等含量也都偏高，矿物中的主要物相有 $NiFe_2O_4$、SiO_2、$Mg_3[Si_2O_5(OH)_4]$、FeO(OH) 等。该矿属于低品位、难处理的高硅镁型红土镍矿。同时，试样有着嵌布粒度细、矿石组成复杂、风化现象严重、镍钴的赋存状态大部分是以晶格取代的形式存在，氯化离析—磁选是一种处理该矿的有效方法之一。

（2）通过对矿物中镍、钴和铁氯化离析的热力学分析可以得出，在中性或弱还原气氛条件下，矿石中的镍、钴和铁都是可以被氯化剂释放的氯化氢氯化生成各自的氯化物，然后其氯化物蒸气在炭粒表面被氢还原产出金属，同时氯化剂得到再生，因此氯化剂的用量与氯化焙烧相比较小。同时，氯化剂用量及还原剂用量实验结果表明，当合理控制还原剂用量和所用氯化剂类型及反应温度时，镍的离析将是主要的过程。

（3）通过对磁选基本条件的分析可知：铁、钴、镍和它们中的一种或多种化合物具有铁磁性，因而可利用磁选的方法将其与其他非磁性的物质分离。磁场强度实验表明：在湿式磁选中，先用强磁场再用弱磁场对离析后的焙砂进行磁选，可以得到品位符合要求的镍钴富集物。

（4）在200℃以下，二水氯化钙发生脱水反应，生成无水氯化钙，并且因为 SiO_2 和水的存在，可能脱除一小部分氯化氢，在200~750℃之间，体系保持稳定，没有发生反应；在750~800℃之间，体系 SiO_2 和 $CaCl_2$ 的摩尔比 Si/Ca 为 2∶1和1∶1时，生成了 $Ca_2SiO_3Cl_2$，并释放氯化氢气体，随温度升高 $Ca_2SiO_3Cl_2$ 分解释放氯化氢；摩尔比 Si/Ca 为1∶2时，生成了 $Ca_3SiO_5 \cdot CaCl_2$，随着温度升高，其并没有分解，但过量的氯化钙因蒸气压降低而以气体的形式挥发。

（5）随着温度从600℃升至1000℃镍的氯化率，先降低然后升高，600℃和1000℃分别是两个高点。这主要是因为600℃左右，羟基硅酸镁相分解，脱羟基，增大了氯化过程的反应界面；随着水蒸气分压的增加，磁选的精矿率逐渐升高，精矿品位逐渐降低，而尾矿的品位也逐渐降低，镍的收率逐渐升高，金属颗粒逐渐变小，这是由于水分的增加，造成气氛还原性增强，促进了金属合金颗粒在硅酸盐表面的异相成核，而未能长大。

（6）温度从1000逐渐升高至1350℃，镍铁合金的颗粒逐渐增大，在1350℃下粒径最大可达80μm。在1000~1100℃之间，颗粒的长大机制是小的镍合金颗粒向更加有利位置即两颗粒的接触点迁移的过程；在1200~1350℃时，颗粒的长大机制是小的镍铁合金颗粒熔化蒸发到大的镍铁合金颗粒表面的过程。

（7）通过氯化离析—磁选工艺，进行了氯化离析与磁选实验的相关条件实验，结果表明：以小于0.074mm矿料为原料，以 $NaCl+MgCl_2 \cdot 6H_2O$（质量比0.4）为氯化剂，用量为6%，以粒度小于0.2mm烟煤作为还原剂，用量为2%，离析温度1000℃，离析时间为90min，磁场强度（先用强磁场为3000Gs，再用弱磁场1000Gs）进行氯化离析—磁选实验，可以得到磁选镍精矿产品指标为镍品位5.79%，镍回收率87.69%，钴品位0.187%，钴回收率69.02%。

参 考 文 献

[1] 肖军辉．某硅酸镍矿离析工艺试验研究［D］．昆明：昆明理工大学，2007.

[2] Liu Wanrong, Li Xinhai, Hu Qiyang, et al. Pretreatment study on chloridizing segregation and magnetic separation of low-grade nickel laterites［J］. Transactions of Nonferrous Metals Society of China, 2010, 20（S1）: 82~86.

[3] Antonios Nestoridis. Upgrading the nickel content from low grade nickel lateritic iron ores［P］. United States Patent, 670224, 1986.

[4] Chander S, Sharma V N. Reduction roasting/ammonia leaching of nickeliferous laterites［J］. Hydrometallurgy, 1981, 7（4）: 315~327.

[5] Menéndez C J, Barone V L, Botto I L, et al. Physicochemical characterization of the chlorination of natural wolframites with chlorine and sulphur dioxide［J］. Minerals Engineering, 2007, 20（6）: 1278~1284.

[6] 林传仙．矿物及有关化合物热力学数据手册［M］．北京：科学出版社，1985.

[7] 刘婉蓉．低品位红土镍矿氯化离析—磁选工艺研究［D］．长沙：中南大学，2010.

7 矿相重构对金属元素浸出行为的影响机理研究

7.1 概述

在外场的作用下可以使矿石中的某些矿相发生改变而重构生成新的矿相，从而改变了矿物中某些金属元素的存在形式，并且导致某些金属元素在冶金过程中的行为发生改变[1~3]。活化焙烧是一种可以改变矿物结构的方法，广泛地应用于矿物的前处理过程，通过焙烧可以使红土镍矿中的羟基硅酸镁和蛇纹石发生晶型转变而形成无定型态的硅酸镁[4]，同时，由于矿相中原有的自由水和键合水被分解掉，以及部分矿相的晶型改变导致矿物原有结构的崩塌，比表面积和孔隙增加[5]，有利于后续的冶金过程。本章针对所用矿物采用活化焙烧的方法使矿石矿相发生改变，考察矿相重构对盐酸浸出、氯化焙烧以及氯化离析磁选实验中镍、钴、铁等金属元素行为的影响机理。

7.2 矿相重构实验研究

7.2.1 焙烧实验研究

由图 2-5 分析可知实验所用原料主要矿相为利蛇纹石（$Mg_3Si_2(OH)_4O_5$）、针铁矿（$FeO(OH)$）、赤铁矿（Fe_2O_3）和石英（SiO_2）等。焙烧实验在管式炉中进行，如图 2-13 所示，焙烧温度通过连接在管式炉上温度控制器进行调节控制。焙烧时将装有物料的烧舟放置在管式炉的焙烧区，通入保护气氩气并以 10℃/min 的速度开始升温，至预定温度后计时，焙烧 1h 后冷却至室温，冷却后装入封口袋备用。通过差热实验研究发现在 277℃ 和 607℃ 有两个吸热峰，分别为针铁矿和利蛇纹石的去羟基化作用，因此，焙烧温度分别选定 300℃、400℃、500℃、610℃、700℃、800℃，经焙烧后，原矿中部分矿相分解重构形成新的矿相。并获得了原矿以及在 300℃、610℃ 和 800℃ 温度焙烧下焙烧料的红外光谱图。

7.2.2 矿相重构分析

TG-DTA 分析结果（见图 7-1）表明，在 277℃ 和 607℃ 有两个吸热峰，分别为针铁矿和利蛇纹石的去羟基化作用[6]。由图 7-2 中曲线 1 和 2 可以看出，针铁矿相在 X 射线衍射图中 30.1°和 37.4°的特征峰在 300℃焙烧下消失，说明其内结构羟基开始大量脱失，晶体结构被破坏，发生脱水反应，如反应式（7-1）所示，其质量损失为4.341%。从图7-3中曲线1和2的红外特征谱线可以看出，在$3410cm^{-1}$和$1630cm^{-1}$处针铁矿的特征吸收谱带在300℃焙烧后变宽和减弱，表明针铁矿向赤铁矿发生了转变。同时该谱带表明由针铁矿脱水生成的赤铁矿有可能含带部分羟基，其可表述为$Fe_{2-x/3}(OH)_xO_{3-x}$[7]。结合图7-4和表7-1中数据分析可以发现，原矿中镍和钴的含量都相对较低，且与铁、镁等杂质共存，与表2-1、表2-2数据基本一致，即无明显镍、钴富集区。当焙烧温度为300℃时，从图7-4和表7-1可以发现出现了镍的富集相，根据图7-1～图7-3分析结果可以得出在针铁矿脱水分解过程中有镍氧化物被分解出来，形成了一定的镍富集区域。

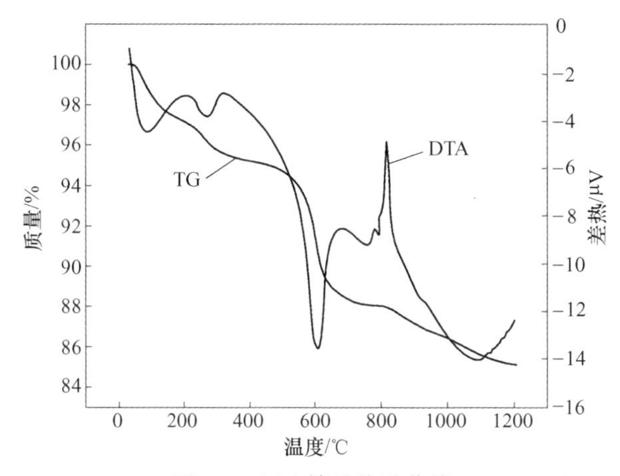

图7-1 红土镍矿热重曲线

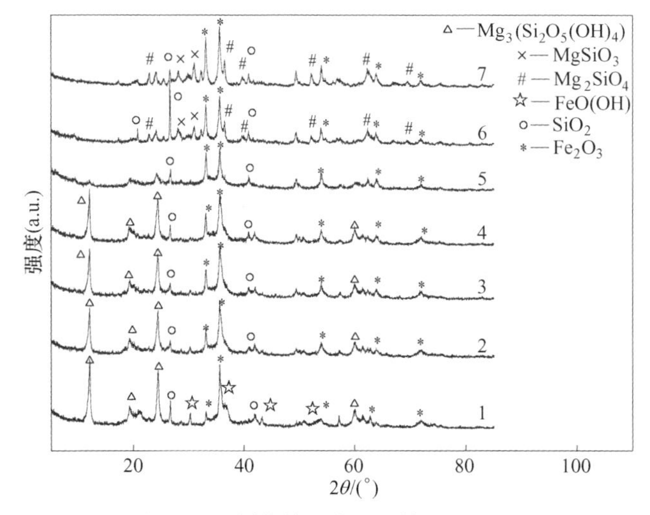

图7-2 不同焙烧温度红土镍矿XRD图

1—原矿；2—300℃；3—400℃；4—500℃；5—610℃；6—700℃；7—800℃

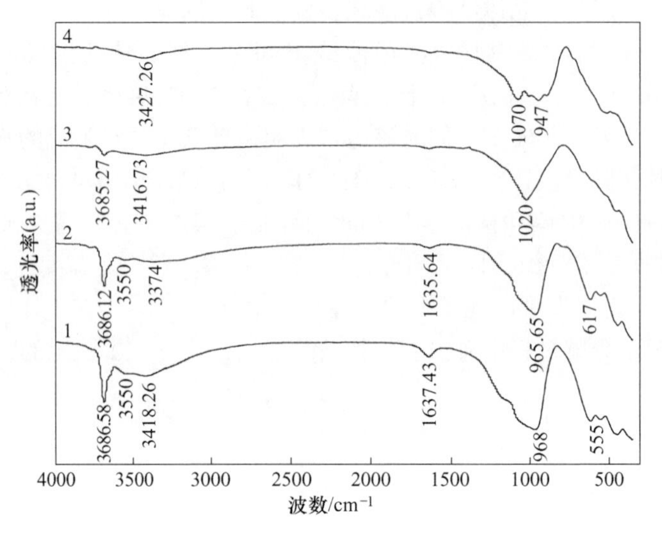

图 7-3　不同焙烧温度下焙烧料 FTIR 图

1—原矿；2—300℃；3—610℃；4—800℃

图 7-4　不同焙烧温度下焙烧料 EDS 图

（a）原矿；（b）300℃；（c）610℃；（d）800℃

表 7-1 原矿及不同温度焙烧料 EDS 分析 (%)

温度	原矿		300℃		610℃		800℃	
	A	B	A	B	A	B	A	B
O	45.34	39.30	43.16	43.91	42.23	28.35	43.54	44.83
Mg	20.20	10.47	12.96	20.04	20.38	17.71	13.81	17.31
Al	1.46	0.91	4.03	2.01	2.00	1.39	2.00	3.68
Si	18.48	6.99	11.84	16.41	19.32	17.28	9.25	15.94
S	1.59	1.28	2.44	3.88	1.61	1.28	0.56	0.92
Mn	0.61	1.86	9.77	0.48	0.67	13.11	0.33	0.29
Fe	11.03	36.78	8.64	11.91	12.27	18.85	29.51	16.17
Co	0.34	0.78	1.46	0.22	0.39	0.20	0.35	0.18
Ni	0.95	1.64	5.70	1.15	1.11	1.83	0.66	0.68

焙烧温度上升至 610℃，利蛇纹石（$Mg_3Si_2(OH)_4O_5$）开始分解形成无定型的硅酸镁，通过图 7-2 中曲线 5 可以看出，在 X 射线衍射图中 12.1°、20.2°和 60.1°处利蛇纹石的特征峰逐渐变宽并消失。该分解反应如反应式（7-2）所示，其质量损失为 7.618%。从图 7-3 中曲线 1 与 3 和 4 的比较可以看出，3686cm^{-1}和 3550cm^{-1}处的吸收峰是利蛇纹石八面体结构中的外羟基（结构水）和内羟基（层间水）伸缩振动峰[8]，这些特征谱带在 300℃焙烧下仍然存在，只是强度有一定程度的减弱，说明利蛇纹石的晶型仍然较为完整而没有被破坏。但当焙烧温度为 610℃和 800℃时，这几处特征峰或完全消失，或合并成一处更宽的吸收带，表明已脱出羟基，晶体结构被破坏，产生相变。从图 7-4 和表 7-1 可以发现，在 300℃焙烧料中出现的镍富集区在 610℃的焙烧料并未出现。由图 7-2 中曲线 5 可以看出，在 32°和 55°处氧化铁的特征峰变得更加尖锐，随着焙烧温度的升高，氧化铁晶型也更趋于完整，会导致氧化镍重新嵌入至氧化铁的晶型中形成镍的铁酸盐[9]，因此，镍的富集区并未出现。

$$2FeO \cdot OH \longrightarrow Fe_2O_3 + H_2O\uparrow \tag{7-1}$$

$$Mg_3Si_2(OH)_4O_5 \longrightarrow Mg_2SiO_4 + MgSiO_3 + 2H_2O\uparrow \tag{7-2}$$

当焙烧温度超过 610℃达到 700℃时和 800℃时，由图 7-2 中曲线 5 和 4 可见，无定型硅酸镁重新结晶形成镁橄榄石（Mg_2SiO_4）和顽辉石（$MgSiO_3$）。从图 7-3 中曲线 4 可以看到在 1020cm^{-1}处分裂为 1070cm^{-1}和 947cm^{-1}两个吸收峰，此特征峰表明有硅酸盐橄榄石生成[10]。同时，由图 7-2 中曲线 6 可以发现，在 X 射线衍射图中 27.2°处 SiO_2 特征峰变得强度有所增加，这是由于利蛇纹石结构水进一步脱除导致无定型 SiO_2 生成后并结晶，样品中 SiO_2 含量增加所致。TG-DTA 分析显示由于镁橄榄石晶型发生改变而导致在 807℃出现了一个放热峰。由图 7-4 和表 7-1 的数据分析中可以发现，在 800℃焙烧料的 EDS 分析中，镍的含量较 610℃焙烧料中进一步降低。这是两方面原因造成的：一方面是镍进入氧化铁晶型形成铁酸镍，另外一方面是由于在无定型硅酸镁结晶形成镁橄榄石过程中镍变得不稳定，进入到硅酸镁盐形成 $(Mg,Ni)_3SiO_2$ 并且重结晶形成橄榄石型[11]。

由于焙烧后原矿的矿相构成发生了较大的改变，因此导致矿料本身形貌及其比表面积发生较大改变，见表 7-2 和图 7-5～图 7-8。由表 7-2 可以看出，随着焙烧温度的上升，比表面积先增加后减少，在 300℃下焙烧料表面积达到 21.04 m^2/g，相对于原矿 16.03m^2/g 有了较大提高，由图 7-5 与图 7-6 扫描电镜图片的对比可以发现，300℃下焙烧料表面有着更多的碎片和孔洞，但 400℃、500℃下焙烧料比表面积由于颗粒团聚下降至 19.21m^2/g 和 19.13m^2/g。当焙烧温度上升至 610℃时，比表面积达到最大值 26.45m^2/g，这是因为在原矿中主要部分的利蛇纹石矿相发生分解脱去羟基，导致矿相原有结构的大量坍塌，从图 7-7 中可以看出，相对于图 7-6 其表面黏附了更多的碎片并出现更多的孔洞，因此其比表面积显著增加。随着焙烧温度的继续增加，小颗粒及碎片趋向于团聚成较大颗粒，因此 700℃、800℃温度下焙烧料比表面积显著降低，从图 7-8 可以看出其表面显然更为平整和光滑。

表 7-2　原矿及不同温度焙烧料比表面积

温　度	常温	300℃	400℃	500℃	610℃	700℃	800℃
比表面积/$m^2 \cdot g^{-1}$	16.03	21.04	19.21	19.13	26.45	18.61	13.23

图 7-5　原矿 SEM 图

图 7-6 300℃下焙烧料 SEM 图

图 7-7 610℃下焙烧料 SEM 图

图 7-8 800℃下焙烧料 SEM 图

7.2.3 矿相重构对金属元素常压盐酸浸出行为的影响

参考第 3 章实验结论，以不同温度焙烧下焙烧料为原料，固定其他工艺条件为：矿料粒度小于 0.15mm，固液比为 1∶4，初始酸浓度 6mol/L，浸出温度 60℃，浸出时间 1h。考察矿相重构对金属元素浸出行为的影响。

7.2.3.1　矿相重构对镍浸出的影响

由表 7-3 可以看出，在 300℃时进行活化焙烧可以显著地增加镍的浸出率，并达到最大值 93.1%。这是因为镍主要赋存于针铁矿相中，而其中的镍要完全溶解必须完全破坏掉针铁矿相。从图 7-1 和图 7-2 中曲线 2 可以看出，在 300℃焙烧下，由于矿物中的针铁矿脱水转变成赤铁矿而导致原有矿的结构被破坏，使得其中的镍被释放出来。从表 7-2 可以看出，300℃下的焙烧料比表面积由原矿的 16.03m^2/g 增加到 21.04m^2/g。同时通过对比图 7-6 和图 7-5 可以看出，在 300℃下的焙烧料的矿物表面相对于原矿矿物表面有更多的细孔和碎片。随着焙烧的温度升至 400℃和 500℃，由于部分小颗粒的重新团聚导致比表面积略微下降，因而镍的浸出率也相应有所下降。

表 7-3　不同焙烧温度对常压盐酸浸出中金属元素浸出率的影响　　(%)

温度	Ni		Co		Mn		Fe	
	溶液	溶渣	溶液	溶渣	溶液	溶渣	溶液	溶渣
常温	33	67.1	60.4	40.3	99.1	0.82	78	22
300℃	93.1	7.8	61.6	40.1	98.9	0.97	65	34.9
400℃	92.7	7.5	61.54	39.8	98.24	2.1	32.5	67.35
500℃	90	10	61.6	39.2	98.4	2.43	30	71.3
610℃	77	24.08	60.92	40	98.3	1.76	26	75.7
700℃	31.25	68.8	59.23	40.1	98.5	1.46	29	71.6
800℃	31.1	70.2	59.3	40	95	4.45	20	80.56

当焙烧温度为 610℃时，利蛇纹石（$Mg_3Si_2(OH)_4O_5$）开始分解并导致原矿结构被更大程度破坏，由图 7-7 可以看出，其矿物表面相对于其他焙烧温度矿物表面有更多的细孔和碎片，其比表面积达到了最大值 26.45m^2/g。但是，通过表 7-3 却发现镍的浸出率下降至 77%。这是因为在 610℃时焙烧产生了无定型体硅酸盐，随着其不断被浸出，大量具有较大表面积的硅酸盐颗粒分布在浸出液中，其表面有能量很高的活性基团（Si—O—H），具有很强的电负性，可以吸附气相和液相中的离子或分子，造成镍的损失[13~16]。同时，常压酸浸红土镍矿过程中会导致硅酸盐结构的部分分解，不会造成大量硅酸的产生。因此对 300℃、400℃和 500℃焙烧料进行浸出，镍的损失远小于 610℃下焙烧料浸出。由图 7-9 可以看出，当浸出时间只有 20min 时，610℃下焙烧料镍浸出率即达到了其最大值，随着浸出时间增加，镍浸出率略有降低，这恰恰证明了镍被吸附的结论。同时，根

据图 7-4 和表 7-1 的 EDS 分析结果，在 610℃时焙烧料中有部分的镍进入氧化铁相，因此镍的浸出受到一定抑制而导致镍的浸出率有所下降。

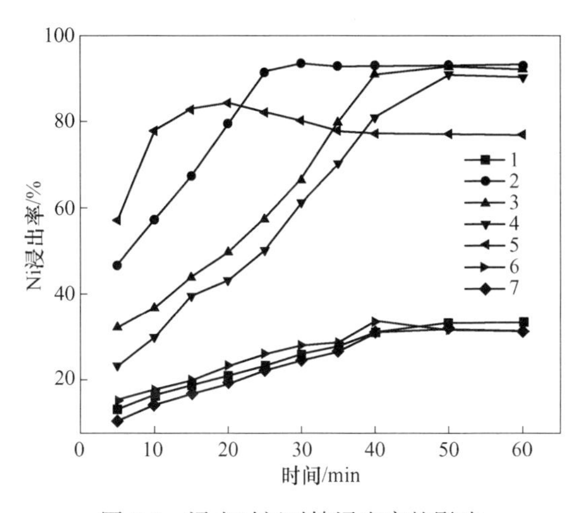

图 7-9 浸出时间对镍浸出率的影响

1—原矿；2—300℃；3—400℃；4—500℃；5—610℃；6—700℃；7—800℃

当焙烧温度为 700℃ 和 800℃ 时，其比表面积分别降为 $18.61m^2/g$ 和 $13.23m^2/g$，相应的镍浸出率降为 31.25%和 31.1%。这是因为过高的焙烧温度会降低矿物的多孔性和比表面积，同时当去羟基化反应发生之后镍变得不稳定，易进入硅酸镁盐形成 $(Mg,Ni)_3SiO_2$ 并且重结晶形成橄榄石型，由图 7-2 中曲线 6 和 7 以及图 7-4 和表 7-1 的 EDS 分析结果可以看出。该矿石结构可以将镍包覆在里面，阻碍镍从该相中脱出。

7.2.3.2 矿相重构对铁浸出的影响

由表 7-3 可以看出，Co 和 Mn 等金属的浸出并未受到焙烧的影响，这是由于钴和锰所存在的矿相并未因为焙烧而显著的改变或破坏。但随着焙烧温度的上升，铁的浸出率却相应的下降。图 7-2 可以看出，赤铁矿在 2θ 为 33°处的特征峰随着焙烧温度的提高越来越强，导致在现有浸出条件下铁的浸出受到抑制。尤其是当焙烧温度超过 610℃后，伴随着利蛇纹石的脱水，硅酸镁与铁嵌合重结晶形成橄榄石晶体（$(Mg,Fe)_3SiO_2$），进一步阻碍了铁的浸出，这种情况与镍相类似。

由图 7-10 可以看出，不同焙烧温度下的浸出渣中的物相有明显不同。在 300℃、400℃和 500℃焙烧料浸出渣中，主要有滑石（$Mg_3Si_4O_{10}(OH)_2$）、利蛇纹石（$Mg_3Si_2(OH)_4O_5$）、脉石（SiO_2）和赤铁矿（Fe_2O_3）等矿相，这说明在浸出过程中利蛇纹石部分转变成为滑石，而由于赤铁矿的部分溶解以及晶体结构一定程度的改变导致在其在物相图中特征衍射峰的减少和峰强度的减弱。当焙烧温度超过 610℃后，其浸出渣中羟基硅酸盐相开始消失，出现了较为尖锐的三氧化二铁特征峰。这印证了当焙烧温度达到 610℃后利蛇纹石脱水分解后，硅酸镁与铁嵌合形成橄榄石晶型的结论，由于更多的铁被嵌合而延缓了铁的浸出过程，因此在一定的浸出时间内铁浸出率有所下降。由图 7-10 中曲线 5 和 6 可以看出，其浸出渣中出现了更多的 Fe_2O_3 特征峰，这是由于 Fe_2O_3 矿相随着焙烧温度的升高其晶型也更趋于完整，因此其浸出得到了进一步的抑制。

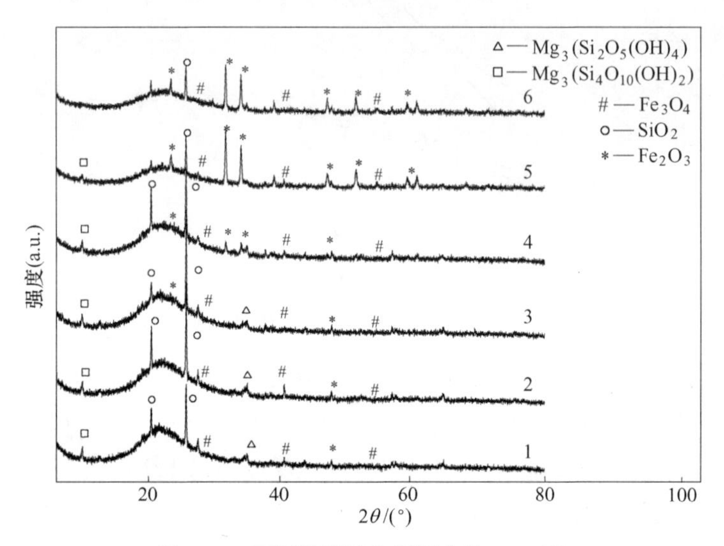

图 7-10　不同温度焙烧料浸出渣 XRD 图

1—300℃；2—400℃；3—500℃；4—610℃；5—700℃；6—800℃

7.2.4　矿相重构对金属元素氯化焙烧实验中浸出行为的影响

7.2.4.1　矿相重构对低温通入氯化氢气体氯化焙烧的影响

由第 5 章 5.2 节研究内容可知，低温通入氯化氢气体焙烧实验温度主要发生在 200～500℃，而由图 7-1～图 7-3 以及反应式（7-1）分析可知，在 200～500℃温度范围内发生的反应主要是在 300℃下针铁矿矿相分解产生 Fe_2O_3 的反应，伴随着针铁矿等物质分解，导致 NiO 更多的从铁矿相中脱离出来。因此，在第 5 章低温氯化焙烧实验中，尤其当反应温度为 300℃、400℃、500℃时，由于矿料被放置在管式炉中后才开始升温至预订反应温度，达到反应温度后开始通入氯化氢进行氯化焙烧并开始计时。因此，在升温和氯化反应的过程中，矿物结构就有可能发生改变，为考察矿相重构对氯化焙烧的影响，现将不同温度下焙烧料进行低温氯化焙烧实验，方法见 2. 4. 3. 1 节，所有焙烧料粒度均为小于 0. 074mm，焙烧温度 300℃，氯化氢气流 80mL/min，焙烧 30min，结果见表 7-4。

表 7-4 不同预焙烧温度对低温氯化焙烧中金属元素浸出率的影响 （%）

温度	常温	300℃	400℃	500℃	610℃	700℃	800℃
Ni	81	85	84	84.1	88	74	65
Co	61	63	61	62	62	52	48
Mn	86	90	89	89	90	82	73
Fe	4.8	5	4.1	4.2	3.6	2.6	2.4
Mg	14	15	14.2	14.1	19	16	15

由表 7-4 可以看出，不同温度下焙烧料在氯化焙烧实验中金属浸出率不尽相同。与常压盐酸浸出相似的是，通过预焙烧后矿相的改变对锰的浸出率影响不大，因此可以说明矿相重构对锰所在矿相的改变不大，不会影响锰在氯化焙烧中的氯化行为。而在氯化焙烧中，610℃下焙烧料镍和钴的浸出达到各自最大值，分别为 88%和 62%，这是因为在氯化焙烧中为气固反应，两相接触面积的大小对反应极为重要，而 610℃焙烧料的比表面积为所有焙烧料中最大，有利于氯化氢气体扩散至矿物内部，并且由于矿相中的针铁矿矿相分解导致铁矿相中更多的镍、钴暴露于反应界面上，因此镍钴浸出率达到了最大值。而铁的浸出率由表 7-4 可以看出，随着预焙烧温度的升高，其浸出率是逐渐降低的，这与常压盐酸浸出相似，也是因为赤铁矿矿相随着焙烧温度的增加其晶型越加完整，导致其氯化反应在一定程度上被抑制，而当焙烧温度达到 700℃、800℃时，由于矿相重构，部分铁与硅酸镁嵌合形成橄榄石晶型，进一步抑制了铁的氯化。由表 7-4 可以看出，610℃焙烧料镁的浸出率达到最大值，这也是因为在 610℃预焙烧时发生了反应（见式（7-2）），使羟基硅酸镁分解导致矿相结构发生较大改变，比表面积增加，更多的镁盐与氯化氢气体接触发生反应，使镁浸出率达到最大值。

为了考察投料方式对浸出的影响，在固定矿料粒度小于 0.074mm、焙烧温度 300℃、氯化氢气流 80mL/min、焙烧 30min 等工艺条件，改变投料方式做了 3 个对比实验：（1）开始升温前即将矿料放入至管式炉中随炉一同升温；（2）将管式炉升至预订反应温度后将矿料放入炉中；（3）将 300℃焙烧料放入管式炉随炉一同升温。矿料中镍、钴等金属元素浸出率与投料方式的关系见表 7-5。

表 7-5 投料方式对低温氯化焙烧中金属元素浸出率的影响 （%）

元 素	Ni	Co	Mn	Fe	Mg
实验 1	81	61	86	4.8	15
实验 2	75	58	85	4.8	15
实验 3	85	63	90	5	15

由表7-5可以看出，实验3的镍、钴、锰和镁的浸出率最大，铁的浸出率最小，机理见上述分析。对比实验1和实验2可以发现，投料方式对锰、铁、镁的浸出率影响不大，这是因为矿料中铁、镁含量本身相对较高，因此投料方式的改变对其影响不大，而锰的浸出率本身就受矿相结构改变的影响较小。而实验2镍和钴的浸出率较实验1有所降低，这说明在到达反应升温前将矿料投入管式炉中随炉一同升温的过程中，部分矿料中的矿相即发生了改变，因此，在达到反应温度并开始通入氯化氢气体进行氯化焙烧时，相当于部分矿料已经变成了300℃时的焙烧料，所以实验1的镍、钴浸出率相对实验2有所提高而同时又略低于实验3中镍、钴的浸出率。因此，更进一步证明了矿相重构对矿料中某些金属元素氯化行为的影响。

7.2.4.2　矿相重构对中温盐氯化焙烧的影响

由第5章5.3节研究内容可知，中温盐氯化焙烧实验温度主要发生在600~1000℃。而由图7-1~图7-3以及反应式（7-1）和式（7-2）分析可知，在300~800℃温度范围内分别发生的是300℃时针铁矿分解反应和在610℃下羟基硅酸镁矿相分解反应。因此，在5.3节中温盐氯化焙烧实验中，由于矿料与氯化剂、还原剂等在达到反应温度后被放入马弗炉中，矿物结构的重构和氯化反应几乎同时进行，为考察矿相重构对镍、钴等金属浸出率的影响，将不同温度下预焙烧料进行中温盐氯化焙烧实验。实验称取8g矿料（粒度小于0.074mm），$NaCl+MgCl_2 \cdot 6H_2O$复配氯化剂（C4）1.5g，焙烧温度900℃，焙烧1.5h后，用pH=1.2的酸化水在80℃下浸出，不同焙烧料与Ni、Co、Mn、Fe浸出率的关系见表7-6。

表7-6　不同预焙烧温度对中温氯化焙烧中金属元素浸出率的影响　（%）

温度	常温	300℃	400℃	500℃	610℃	700℃	800℃
Ni	86.4	87	86	86.5	87.1	81.2	76
Co	62	61.5	61.9	61.6	62	52	48
Mn	55	56	54	55	55	56	55
Fe	5.1	5	5.1	5.2	5	3.5	2.6

由表7-6可以看出，随着预焙烧温度的增加，锰的浸出几乎不变，而铁的浸出被一定程度的抑制，这与常压盐酸浸出和低温氯化焙烧情况相似，机理相同。而各个温度下焙烧料的镍和钴的浸出率并不像300℃预焙烧料在常压盐酸浸出中出现最大值，也不像610℃预焙烧料在低温氯化焙烧中出现最大值，而是预焙烧（除700℃、800℃外）几乎对镍钴的浸出无显著影响，这主要是因为在盐氯化焙烧过程中，焙烧时间（1.5h）较长，而氯化剂产生氯化氢的过程较为缓慢，导

致镍钴等氧化物未发生氯化反应前矿相已经发生改变，因此预焙烧对中温盐氯化焙烧中镍钴的浸出无显著影响。而当预焙烧温度为 700℃ 和 800℃ 时，镍钴的浸出率有一定程度的降低（见表 7-6），这是因为在这两个温度下进行预焙烧会导致镍、钴等进入硅酸盐相形成（$(Mg,Ni)_3SiO_2$）并且重结晶形成橄榄石型，导致在后续的氯化过程中镍钴不易参加反应。

7.2.5 矿相重构对金属元素氯化离析—磁选实验中富集行为的影响

实验以不同温度下的焙烧料为原料，粒度均为小于 0.074mm，以 $NaCl + MgCl_2 \cdot 6H_2O$（质量比 0.4）为氯化剂，用量为 6%，以粒度为小于 0.2mm 烟煤作为还原剂，用量为 2%，离析温度 1000℃，离析时间为 90min，磁场强度（先用强磁场为 3000Gs，再用弱磁场 1000Gs）进行氯化离析—磁选实验，考察矿相重构对镍钴品位和收率的影响，结果见表 7-7。

表 7-7 不同预焙烧温度对氯化离析中金属元素浸出率品位及收率的影响（%）

温度	常温	300℃	400℃	500℃	610℃	700℃	800℃
Ni 品位	5.76	5.78	5.74	5.7	5.8	4.3	3.8
Co 品位	0.187	0.189	0.186	0.186	0.188	0.161	0.154
Ni 收率	87.6	87.8	87	87.1	87.8	79.2	70.5
Co 收率	69.02	69	68.9	69	68.6	56.6	49.8

由于氯化离析—磁选实验中镍钴的氯化反应过程与机理和氯盐焙烧实验中镍钴的氯化相同，而矿相重构对其影响主要体现在对镍钴氯化的影响，因此矿相重构对氯化离析—磁选的影响与 7.2.4.2 节中中温盐氯化焙烧相同。由表 7-7 可以看出，预焙烧温度不大于 610℃ 时对镍钴的氯化离析几乎没有任何影响，而当预焙烧温度大于 610℃ 并达到 700℃ 和 800℃ 时，镍钴品位及收率显著降低。

7.3 本章小结

（1）根据第 2 章原矿矿相及成分分析可知，矿物中的主要物相有 $FeO(OH)$、SiO_2、$Mg_3[Si_2O_5(OH)_4]$、Fe_2O_3 等，通过预焙烧可以使矿石中的某些矿相发生改变而产生新的矿相，从而改变了矿物中某些金属元素的存在形式，并且导致某些金属元素其在冶金过程中的行为发生改变。

（2）通过对红土镍矿在不同温度下进行预焙烧可以发现，矿相中原有的自由水和键合水被分解掉，以及部分矿相如 $FeO(OH)$ 在 300℃ 和 $Mg_3[Si_2O_5(OH)_4]$ 在 610℃ 发生脱水反应，导致矿物原有结构的崩塌，比表面积和孔隙增加，而当预焙烧温度为 700℃、800℃ 时，小颗粒会重新团聚成大颗粒，导致比表面积减小，并且发生无定型硅酸镁重新结晶形成镁橄榄石（Mg_2SiO_4）和顽辉石（$MgSiO_3$）。

（3）通过对比不同温度下预焙烧料和原矿在常压盐酸浸出、低温通入氯化氢气体焙烧、中温盐氯化焙烧以及氯化离析—磁选实验中浸出率的不同，可以发现在300℃时FeO(OH)的脱水反应可以使原来存在于铁矿相中的镍钴更多地暴露于反应界面，有利于提高镍、钴在常压盐酸浸出中的浸出率，同时抑制铁的浸出。而在610℃发生的$Mg_3[Si_2O_5(OH)_4]$脱水反应使整个矿物达到最大的比表面积，该温度下预焙烧料有利于增加低温通入氯化氢气体焙烧实验中气固反应界面，提高镍钴浸出率。由于中温盐氯化焙烧以及氯化离析—磁选实验中氯化剂产生氯化作用的时间较长，因此导致矿相在未氯化前即开始转变，在300℃和610℃下预焙烧未对镍钴的提取产生积极作用。

（4）由于在700℃和800℃时预焙烧会导致无定型硅酸镁重新结晶，在形成镁橄榄石过程中镍、钴会变得不稳定，进入到硅酸镁盐形成$(Mg,Ni)_3SiO_4$并且重结晶形成橄榄石型，不利于其被提取。因此，在此两个温度下预焙烧不利于提取所有的镍钴。

参考文献

[1] 姜涛，何国强，李晓芹，等. 焙烧气氛对内配碳赤铁矿球团焙烧行为的影响 [J]. 中南大学学报（自然科学版），2009，40（4）：851~856.

[2] 曹琴园，李洁，陈启元，等. 机械活化对氧化锌矿碱法浸出及其物化性质的影响 [J]. 过程工程学报，2009，9（4）：669~675.

[3] Li Jinhui, Li Xinhai, Hu Qiyang, et al. Effect of pre-roasting on leaching of laterite [J]. Hydrometallurgy, 2009, 99 (1~2): 84~88.

[4] Valix M, Cheung W H. Study of phase transformation of laterite ores at high temperature. Minerals Engineering, 2002, 15 (8): 607~612.

[5] 李小斌，周秋生，彭志宏，等. 活化焙烧—水硬铝石矿增浓溶出过程动力学 [J]. 中南工业大学学报，2000，31（3）：219-221.

[6] Tartaj P, Cerpa A, Garcia-Gonzalez M T, et al. Surface instability of serpentine in aqueous suspensions [J]. J. Colloid Interface Sci., 2000, 231 (1): 176~181.

[7] Mariana A, Elsa H. Rueda, Elsa E. Sileo. Structural characterization and chemical reactivity of synthetic Mn-goethites and hematites [J]. Chemical Geology, 2006, 231 (4): 288~299.

[8] Wei L, Qiming F, Leming O, et al. Fast dissolution of nickel from a lizardite-rich saprolitic laterite by sulphuric acid at atmospheric pressure [J]. Hydrometallurgy, 2009, 96 (1~2): 171~175.

[9] O'Connor F, Cheung W H, Valix M. Reduction roasting of limonite ores: Effect of dehydroxylation [J]. Int. J. Miner. Process, 2006, 80 (2~4): 88~99.

[10] 郭立鹤，韩景仪. 红外反射光谱方法的矿物学应用 [J]. 岩石矿物学，2006，25（3）：

250～256.

[11] Evans D J I, Shoemaker R S, Veltman H. Development of UOP process for oxide silicate ores of nickel and cobalt [C]//International Laterite Symposium. SME-AIME, New York, USA. 1979: 527～552.

[12] Reig F B, Adelantado J V G, Moya Moreno M C M. FTIR quantitative analysis of calcium carbonate (calcite) and silica (quartz) mixtures using the constant ratio method [J]. Application to geological samples, Talanta, 2002, 58 (4): 811～821.

[13] Whittington B I, Johnson J A. Pressure acid leaching of arid-region nickel laterite ore. Part III: Effect of process water on nickel losses in the residue [J]. Hydrometallurgy, 2005, 78 (3～4): 256～263.

[14] Whittington B I, McDonald R G, Johnson J A, et al. Pressure acid leaching of arid-region nickel laterite ore. Part I: Effect of water quality [J]. Hydrometallurgy, 2003, 70 (1-3): 31～46.

[15] Kosuge K, Shimada K, Tsunashima A. Micropore formation by acid treatment of antigorite [J]. Chem. Mater., 1995, 7 (12): 2241～2246.

[16] Lin F C, Clemency C V. The dissolution kinetics of brucite, antigorite, talc, and phlogopite at room temperature and pressure [J]. Am. Mineral., 1981, 66 (7～8): 801～806.

8 结论及建议

为了高效提取红土镍矿中的镍和钴，降低杂质元素铁、镁的浸出和浸出剂的消耗，减少后续净化过程的杂质处理量，本书以低品位红土镍矿为原料，以氯化物体系为浸出介质，在热力学理论计算分析的基础上，分别研究了常压盐酸浸出、低温氯化氢气体焙烧、中温氯盐焙烧以及氯化离析—磁选等工艺，并对红土镍矿预焙烧后矿相重构对镍钴在矿物中赋存状态以及其对上述工艺中镍钴浸出的影响做出研究，得出以下结论：

（1）通过热力学计算分析结果表明，矿物中存在的各矿相（除 Fe_2O_3）常压下均能与盐酸发生反应，并且随着温度的升高反应平衡常数逐渐降低。因此，常压下采用盐酸浸出的方法处理红土镍矿是可以将红土镍矿中的镍、钴、锰有效浸出。通过单因素实验和正交实验，综合考虑生产成本及操作条件，确定了常压盐酸浸出处理红土镍矿最佳的工艺条件是：矿料粒度小于 0.15mm，初始酸浓度 8mol/L，浸出温度 353K，固液比 1：4，搅拌速度 300r/min，反应时间 2h。镍、钴、锰、铁、镁的浸出率分别达到 93.94%、60.5%、94%、56%、94%。通过对比实验结果与热力学计算结果可以发现，镍、锰、镁的浸出结果与热力学计算分析较为符合，但铁、钴有一定的偏差。综合矿物矿相及成分分析，在红土镍矿中，几乎所有的镍、大部分的钴存在铁矿物的矿相中，导致了铁矿相的变形及晶格破坏，因此铁较为容易浸出，并且与镍的浸出具有很好的相关性；钴由于有相当一部分存在于硅酸盐中，因此，钴的浸出较低并且与铁浸出的相关性就较差。通过对矿石原料浸出动力学实验研究，结果表明镍、钴、锰浸出过程动力学符合未反应收缩核模型，属于固膜扩散控制。通过 Arrhenius 经验公式，由一系列不同温度下的 $\ln K-1/T$ 图，求的镍、钴、锰浸出活化能分别为 11.56kJ/mol、11.26kJ/mol、10.77kJ/mol。在常压盐酸浸出过程中，各主要矿相溶解的优先次序为：针铁矿矿相>利蛇纹石矿相>磁铁矿矿相≥赤铁矿矿相。常压盐酸浸出较其他浸出体系具有更高的浸出率和更快的浸出速率，浸出液可根据不同需求进行分离净化制得不同材料，如镍钴锰三元正极材料，氢氧化镁粉体材料，以及通过氯化铁高温水解制备铁红并实现氯化氢的闭路回收再利用。

（2）盐酸-氯化铵体系浸出红土镍矿的最佳工艺条件为：浸出温度 90℃，氯化铵浓度 3mol/L，盐酸浓度 2mol/L，固液比 1：6，浸出时间 90min，得到镍、钴、锰、铁的浸出率分别为 89.45%、88.56%、90.23%、19.30%。有价金属的浸出率都较高，有效地控制了铁的浸出。盐酸-氯化铵溶液体系浸出红土镍矿的机理研究表明，酸的浓度对浸出效果影响较大，矿物中的针铁矿首先发生溶解，蛇纹石矿相有部分溶解，释放出有价金属离子同时也会产生 SiO_2，而赤铁矿矿相和磁铁矿矿相几乎不发生溶解。在氯盐浸出过程中，温度对浸出效果影响较大，结合浸出渣的 XRD 图可知，在温度超过 80℃时，氯盐对矿物溶解起主要作用。采用 OLI 系统对盐酸-氯化铵溶液体系中氢离子活度进行模拟，在 2mol/L 的盐酸溶液中加入 3mol/L 氯化铵时，溶液中氢离子活度增加了 2.3 倍，其浓度与 5mol/L的盐酸氢离子活度相近。盐酸氯盐溶液浸出过程中镍、钴、铁的浸出动力学结果表明，镍、钴、铁的浸出过程符合一种新的缩小核模型。用 Arrhenius 公式进行拟合，镍、钴、铁的浸出的表观活化能分别为 4.01kJ/mol、3.43kJ/mol 和 1.87kJ/mol，阿伦尼乌斯常数分别为：204.38×10^{-3}、16.65×10^{-3}、7.12×10^{-3}，镍浸出反应级数 $a=1.32$、$b=0.85$ 和 $c=1.53$，钴浸出反应级数 $a=1.74$、$b=1.12$、$c=1.22$，铁浸出反应级数 $a=2.52$、$b=-0.11$ 和 $c=0.94$，进而可得出 Ni、Co、Fe 的浸出动力学方程。

（3）由热力学计算可知，利用不同金属元素氯化物在热力学稳定性的差异，氯化焙烧可以有效地提取红土镍矿中的镍、钴，并实现有价金属与杂质金属的分离，降低后续的净化除杂步骤的处理量，减少损耗。实验表明，低温通入氯化氢气体进行氯化焙烧可以有效提取镍钴，并抑制铁的浸出，其最佳工艺为：矿物粒度小于 0.074mm，焙烧温度 300℃，氯化氢气体流速不小于 80mL/min，焙烧时间不少于 30min，镍浸出率可达 80.6%左右，钴浸出率为 60%左右，铁的浸出为 5%，镍铁比相对原矿提高了约 15 倍，镍镁比相对原矿提高了约 8 倍。尽管在热力学上存在着焙烧温度超过 657℃会导致镍、钴氯化物分解的可能，但实践表明采用加入固体氯化剂进行中温氯化焙烧同样可以有效提取镍钴，并抑制杂质铁的浸出，其最佳工艺条件为：矿物粒度小于 0.074mm，以氯化钠和六水氯化镁复配盐作为氯化剂（质量比 0.4），氯化剂加入量为矿料的 18%，焙烧温度 900℃，焙烧时间 1.5h，镍浸出率可达 85%左右，钴浸出率为 60%左右，铁的浸出为 4%，镍铁比相对原矿提高了约 20 倍，镍镁比提高约 15 倍。动力学实验表明，镍、钴的氯化反应属于未反应收缩核模型，镍和钴的氯化反应表观活化能分别为 16.469kJ/mol 和 32.792kJ/mol。氯化机理研究结果表明，氯化钠和六水氯化镁复配盐作为氯化剂氯化效果最好，这是由于复配盐具有更低的共熔点温度，可以使氯化剂在较低温度下熔化渗入矿料内部，并且能够在较宽温度范围内产生氯化氢气体，避免了集中释放而无法有效氯化有价金属。

（4）根据第 2 章原矿矿物矿相及成分分析可知，实验所用矿料属于低品位、难处理的高硅镁型红土镍矿，矿石中有价金属 Ni 和 Co 的含量都比较低，杂质元素 Fe 和 Mg 含量都相对较高，另外 SiO_2 等含量也都偏高。同时，试样有着嵌布粒度细、矿石组成复杂、风化现象严重、镍钴的赋存状态大部分以晶格取代的形式存在，氯化离析—磁选是一种处理该矿的有效方法之一。通过对矿物中镍、钴和铁氯化离析的热力学分析可以得出，在中性或弱还原气氛条件下，矿石中的镍、钴和铁都是可以被氯化剂释放的氯化氢氯化生成各自的氯化物，然后其氯化物蒸气在炭粒表面被氢还原产出金属，同时氯化剂得到再生，因此氯化剂的量相比中温氯盐焙烧较小。通过氯化离析—磁选工艺基本原理分析及热力学计算，进行了氯化离析与磁选实验的相关条件实验，结果表明：以小于 0.074mm 矿料为原料，以 $NaCl+MgCl_2 \cdot 6H_2O$（质量比 0.4）为氯化剂，用量为 6%，以粒度小于 0.2mm 烟煤作为还原剂，用量为 2%，离析温度 1000℃，离析时间为 90min，磁场强度（先用强磁场为 3000Gs，再用弱磁场 1000Gs）进行氯化离析—磁选实验，可以得到磁选镍精矿产品指标为镍品位 5.79%，镍回收率 87.69%，钴品位 0.187%，钴回收率 69.02%。

（5）通过对红土镍矿在不同温度下进行预焙烧可以发现，矿相中原有的自由水和键合水被分解掉，以及部分矿相的晶型如 $FeO(OH)$ 在 300℃ 和 $Mg_3[Si_2O_5(OH)_4]$ 在 610℃发生脱水反应，导致矿物原有结构的崩塌，比表面积和孔隙增加，而当预焙烧温度为 700℃、800℃时，小颗粒会重新团聚成大颗粒，导致比表面积减小，并且无定型硅酸镁重新结晶形成镁橄榄石（Mg_2SiO_4）和顽辉石（$MgSiO_3$）。通过对比不同温度下预焙烧料和原矿在常压盐酸浸出、低温通入氯化氢气体焙烧、中温盐氯化焙烧以及氯化离析-磁选实验中浸出率的不同，可以发现在 300℃时 $FeO(OH)$ 的脱水反应可以使原来存在于铁矿相中的镍钴更多地暴露于反应界面，有利于提高镍、钴在常压盐酸浸出中的浸出率，同时抑制铁的浸出，而在 610℃发生的 $Mg_3[Si_2O_5(OH)_4]$ 脱水反应使整个矿物达到最大的比表面积，该温度下预焙烧料有利于增加低温通入氯化氢气体焙烧实验中气固反应界面，提高了镍钴浸出率。由于中温氯盐焙烧以及氯化离析—磁选实验中氯化剂产生氯化作用的时间较长，因此导致矿相在未氯化前即开始转变，在 300℃和 610℃下预焙烧未对镍钴的提取产生积极作用。由于在 700℃和 800℃预焙烧会导致无定型硅酸镁重新结晶，在形成镁橄榄石过程中镍、钴会变得不稳定，进入到硅酸镁盐形成 $(Mg,Ni)_3SiO_4$ 并且重结晶形成橄榄石型，不利于其被提取。因此，在此两个温度下预焙烧不利于所有的镍钴提取过程。

综上所述，以氯化物为介质提取红土镍矿中的镍和钴，具有更高的浸出率和更快的浸出速度，并且利于氯化物稳定性的差异，可以选择性地提取有价金属。本书中的主要创新成果及其研究意义在于：

（1）根据矿相重构相关理论，通过活化焙烧使红土镍矿中部分矿相发生重构，研究了目的金属元素镍钴在矿相重构中的变化，揭示矿相重构对矿物中有价金属在常压盐酸浸出、氯化焙烧和氯化离析—磁选提取工艺中浸出行为的影响及机理，为高效提取储量丰富的红土镍矿镍矿资源提供相关理论研究。

（2）系统全面研究了以氯化物为浸出介质从红土镍矿中提取和富集有价金属镍钴的不同工艺方法，就不同工艺过程中影响镍钴浸出率和其富集比的因素进行实验研究，并对相关机理进行了详细的讨论。同时，本书中提供了3种镍钴提取技术原型，可根据不同的目的产物及生产条件选择适合的技术路线。

（3）对常压盐酸浸出、氯化焙烧和氯化离析—磁选提取工艺中的矿相反应进行了热力学计算，取得了相关数据，为不同技术路线中工艺参数的选择及有关研究提供理论基础。

（4）分别对不同提取工艺过程进行动力学研究，建立了不同提取工艺的动力学模型。

由于时间限制，仍有以下方面需要进一步深入和完善：

（1）对氯化焙烧中氯离子的走向做出更为详细的研究，以及氯盐焙烧中不同矿相反应动力学和矿相重构的动力学的差异做出研究。另外，由于氯离子具有较大的挥发性和强腐蚀性，在工艺设计和设备选型过程中要提出有效应对方案，为该工艺的工业化应用打下坚实基础。

（2）对常压盐酸浸出、氯化焙烧、氯化离析—磁选等工艺的后续处理过程开展研究，找出合适的镍钴富集工艺，或由浸出液经过定向沉积、选择性除杂直接用来制备多功能粉体材料工艺研究。